U0318056

国家重大科技专项"合流制高截污率城市雨污水管网建设、
改造和运行调控关键技术研究与工程示范(2008ZX07317-001-2)"
课题资助


国家"863"重大科技专项
"镇江水环境质量改善与生态修复技术研究及示范(2003AA601100)"
课题资助


江苏省重大示范工程项目
"镇江市北部滨水区水环境建设关键技术研究及工程示范(BE2008615)"
课题资助

水污染控制技术研究丛书

丛书主编 吴春笃

PRINCIPLES & TECHNOLOGIES OF COMBINED SEWER SYSTEM
POLLUTION CONTROL

# 合流制排水系统污染控制原理与技术

吴春笃　解清杰　陶明清　著

江苏大学出版社
JIANGSU UNIVERSITY PRESS

镇 江

**图书在版编目(CIP)数据**

合流制排水系统污染控制原理与技术/吴春笃,解清杰,陶明清著. —镇江:江苏大学出版社,2014.12
ISBN 978-7-81130-877-8

Ⅰ.①合… Ⅱ.①吴… ②解… ③陶… Ⅲ.①城市—管网—溢流—污染控制管理 Ⅳ.①X52

中国版本图书馆 CIP 数据核字(2014)第 310675 号

## 内容简介

本书共分 8 章,分别介绍了城市合流制管网的共性问题、溢流污染源解析、溢流污染控制原理、源-流-汇综合调控技术与方法、规划管理等,以期为我国城市合流制管网区域溢流污染控制提供一种集成解决的参考途径。

**合流制排水系统污染控制原理与技术**

Heliuzhi Paishui Xitong Wuran Kongzhi Yuanli yu Jishu

著　者/吴春笃　解清杰　陶明清
责任编辑/李菊萍
出版发行/江苏大学出版社
地　址/江苏省镇江市梦溪园巷 30 号(邮编:212003)
电　话/0511-84446464(传真)
网　址/http://press.ujs.edu.cn
排　版/镇江文苑制版印刷有限责任公司
印　刷/句容市排印厂
经　销/江苏省新华书店
开　本/718 mm×1 000 mm　1/16
印　张/15.75
字　数/278 千字
版　次/2014 年 12 月第 1 版　2014 年 12 月第 1 次印刷
书　号/ISBN 978-7-81130-877-8
定　价/40.00 元

如有印装质量问题请与本社营销部联系(电话:0511-84440882)

# 序

　　1973 年第一次全国环保大会的召开,标志着中国人环保意识的觉醒。1983 年,第二次全国环保会议将环境保护确定为基本国策。1989 年,中国颁布施行第一部《中华人民共和国环境保护法》。然而,令人痛心的是,这些年随着我国推行的大规模、全方位的工业化和城市化进程以及粗放型的经济发展模式对生态环境造成了极大的破坏,重大水体污染和大气污染事件时有发生,环境污染和生态破坏已成为制约地区经济发展、影响改革开放和社会稳定以及威胁人民健康的重要因素。

　　针对我国水体污染的现实问题,国家先后启动了太湖污染治理、滇池污染治理等专项工程。2002 年,"863"计划设立了"水污染控制技术与治理工程"科技重大专项,在全国范围内选择 11 个城市作为科技攻关和示范工程实施城市。该专项简称"城市水专项",是国家科技领导小组确立的国家"十五"期间 12 个重大科技专项之一。从此,我国开始了新一轮的水体污染控制与环境改善的研究示范工作。2006 年,国家又设立了"水体污染控制与治理"科技重大专项(以下简称"水专项"),并连续执行三个五年计划。这是为实现我国社会经济又好又快发展,调整经济结构,转变经济增长方式,缓解我国能源、资源和环境的瓶颈制约,根据《国家中长期科学和技术发展规划纲要(2006—2020 年)》设立的 16 个重大科技专项之一。该专项旨在为中国水体污染控制与治理提供强有力的科技支撑,运用科技手段破解中国水环境治理难题,实现水污染防治关键技术的创新。

　　水专项核心主题之一即是城市水污染控制与水环境综合整治关键技术研究与示范。该主题通过识别我国城市水污染的时空特征和变化规律,建立不同使用功能的城市水环境和水排放标准及安全准则,在国家水环境保护重点流域,选择若干在我国社会经济发展中具有重要战略地位、不同经济发展阶段与特点、不同污染成因与特征的城市与城市集群,以削减城市整体水污染负荷和保障城市水环境质量与安全为核心目标,重点攻克城市和工业园区的清洁生产、污染控制和资源化关键技术难关,突破原有城市水污染控制系统整体设计、全过程运行控制和水体生态修复技术,结合城市水体综合整治和生态景观建设,开展综合技术研发与集成示范,初步建立我国城市水污染控制与水环境综合整治技术体系、运营与监管技术支撑体系,推动关键技术的标准化、设备化和产业化发展,建立相应的研发基地、产业化基地、监管与绩效评估管理平台,为实现跨越发展以及构建新一代城市水环境系统提供强有力的技术支持和管理工具。

随着我国社会经济发展和城市化进程的加快,雨污水管网建设正在全力推进。因此,急需根据全国典型城市雨污水管网水污染问题的普遍性技术需求,针对具有代表性的管网问题,开展雨污水管网建设、改造、运行调控关键技术研究和工程示范。正是基于这一重大科技需求,我国水专项在城市水环境主题下设置了"合流制高截污率城市雨污水管网建设、改造和运行调控关键技术研究与工程示范课题"。该课题针对我国各地城市雨污水管网系统多样化、缺乏科学合理的设计、设施不完善、管网容量低、施工质量差、管网截污能力不足、维护不善、错接乱排严重等问题,根据城市的共性技术需求,研究多种排水体制并存、运行调控难度大的城市雨污水管网,溢流污染严重的雨污合流制管网,地质条件不良的特殊地形地貌城市雨污水管网的建设、改造和运行调控关键技术;重点突破科学合理的新建城区雨污水管网建设、老城区雨污水管网改造方案与工程技术方法,雨污水溢流控制技术,城市雨污水管网运行管理与管道状况的动态监测技术;通过技术应用和工程示范,形成合流制高截污率城市雨污水管网建设、改造和运行调控的技术支撑体系。

本丛书是"十五"水专项"镇江水环境质量改善与生态修复技术研究及示范"和"十一五"水专项"合流制高截污率城市雨污水管网建设、改造和运行调控关键技术研究与工程示范"研究成果的具体体现,是研究团队全体成员的智慧结晶,涵盖了"城市合流管网溢流污染控制规划理论、方法与实证""排水系统清洁生产理论与实践""合流制排水系统污染控制原理与技术""城市合流管网溢流污染控制技术应用"等内容,可为我国城市合流制雨污水管网污染物的减量控制提供理论依据。

　　本丛书的出版得到了上海同济大学徐祖信教授、李怀正教授、尹海龙副教授,浙江大学张仪萍副教授,西安建筑科技大学王晓昌教授,北京建筑大学车武教授的热情支持和帮助;得到了镇江市人民政府、镇江市水利局、镇江市住房与城乡建设局、镇江市科技局、镇江市环境保护局及镇江市环境监测中心站等部门和镇江市水利投资公司、镇江市水业总公司、江苏中天环境工程有限公司等单位的大力协助。在此对他们表示诚挚的感谢。

吴春笃

2014 年 12 月 12 日

# 前　言

随着合流制系统排出的混合污水对水体污染的加剧,很多城市开始对合流制管道系统进行改造,如将合流制排水系统改建为截流式合流制为主的排水管道系统,对水体污染控制起到了一定的作用。然而,这种截流式合流制管道系统带来的新问题是溢流污染,这已成为我国许多城市水体污染的主要因素。如何有效地控制溢流污染是当前国内外研究的热点之一。

2008—2012 年,受国家水专项办的委托,课题组承担了"合流制高截污率城市雨污水管网建设、改造与运行调控关键技术研究与工程示范"课题。该课题属于"城市水污染控制与水环境综合整治技术体系研究与示范"主题中的"城镇水污染控制与治理共性关键技术研究与工程示范"项目任务之一。我国地域辽阔,城镇众多,城镇水环境污染问题突出,"城镇水污染控制与治理共性关键技术研究与工程示范"项目的目标是以具有普遍代表性的城市水环境问题为依托,以关键技术引领和突破为重点,从污染源削减、城市水环境污染治理、节水与水再生利用等多个角度出发,开展城镇水污染控制与治理共性关键技术研究和工程示范,形成解决城市水环境核心问题的技术方案,大幅度提高我国城镇水污染控制与治理的技术水平,分阶段实现共性关键技术的标准化、设备化和产业化,建立城镇水污染治理和水环境整治的技术支撑体系。

本课题针对我国多数城市雨污合流管网系统存在的合流制管网溢流污染严重、纳污水体水质差以及老城区合流管网改造技术单一等问题,以污染物削减为目的,研究雨污水管网运行管理与管道状况、水流状况、水质状况的动态监测技术和管网系统内污染物的输运规律;从合流制管网系统的源-流-汇三方面综合考虑,研究管网改造策略和污染物的源-流-汇综合降污技术,构建高截污率的城市雨污水合流管网系统。课题的研究丰富了城市水污染控制与水环境综合整治技术体系,通过有针对性地构建相适应的污染物削减技术与工程,可为其他类似城市水污染控制和水环境综合整治提供示范。

本书是在著者对城市合流制排水系统溢流污染深入分析之后,进一步总结研究成果的基础之上形成的。全书共分为8章:第1章在充分调研的基础上,分析总结我国城市合流制管网系统存在的共性问题;第2章主要分析了溢流污染的产生特性;第3章基于系统动力学理论阐述了溢流污染的控制原理,重点论述了源-流-汇全流程控污原理,在此基础上引入"清洁生产"理念,并提出合流管网污染物最小化排放准则;第4章至第6章针对源头、过程、末端溢流污染问题,阐述了错时分流技术、分质截流技术以及用于末端控制的磁絮凝技术、多级吸附净化床、高速大通量溢流污染渗滤控制技术、水驱动生物转盘技术、短时絮凝-高速磁沉降技术等;第7章介绍了溢流污染控制的规划与管理;第8章是基于以上研究成果的应用实例介绍。

本书在著作过程中,得到上海同济大学徐祖信教授、李怀正教授、尹海龙副教授,浙江大学张仪萍副教授,西安建筑科技大学王晓昌教授,北京建筑大学车武教授的热情支持和帮助;得到了国家水专项办、江苏省水专项办、镇江市政府、镇江市水利局、镇江市住房与城乡建设局、镇江市环境保护局、镇江市科学技术局、镇江市水利投资公司、镇江市水业总公司、江苏中天环境工程有限公司、镇江市环境监测站等部门提供的数据和资料;得到了李明俊、胡坚、成小锋、赵冀平、张耘、周晓红、张波、赵德安、肖思思、刘星桥、刘宏、赵宝康、黄勇强、喻一萍、盛建国、殷晓中、朱健等同志的大力支持和帮助。在此一并表示衷心的感谢! 同时感谢江苏大学大学刘兴、段明飞、厉青、刘春霞、朱丽萍、周清时、袁广娇、任雁等同学为本书所做的大量工作。作者水平有限,书中难免存在不足之处,敬请指教。

著　者

2014 年 3 月

# 目　录

# 第1章

# 城市合流管网系统溢流污染问题分析

## 1.1 城市合流管网系统概述

### 1.1.1 城市排水系统

排水系统是现代化城市不可缺少的重要城市市政基础设施,是收集、输送城市产生的生活污水、工业废水和雨水的一整套工程设施,也是城市水污染防治和排涝、防洪的骨干工程。它的任务是及时收集、输送城市产生的生活污水、工业废水和雨水。

城市产生的生活污水、工业废水和雨水可以采用一套或两套独立的管网系统排除。不同的排除方式所形成的排水系统称为排水系统的体制(简称排水体制)。排水体制一般分为分流制和合流制两种类型。

分流制排水系统是将生活污水、工业废水和雨水分别在两个或两个以上各自独立的管渠内排除的系统。根据排除雨水方式的不同,又分为完全分流制排水系统和不完全分流制排水系统。

(1)完全分流制排水系统

完全分流制排水系统具有完整的雨水和污水两个管渠排水系统。前者通过各种收水设施汇集城市内的雨水,就近排入水体;后者汇集生活污水、工业废水并送至处理厂,经处理排放或加以利用。该体制卫生条件好,但投资较大。据国外经验,完全分流制排水管道的造价一般比合流制高 20% ~ 40%。即完全分流制比合流制总造价高,新建的城市、工业区开发一般采用该形式。

(2)不完全分流制排水系统

不完全分流制只具有污水排水系统,而不修建雨水管道系统,雨水沿天然地面、街道边沟、沟渠等原有雨水渠道排泄,或者只在原有渠道排水能力不足或必要之处修建部分雨水管道,待城市进一步发展或资金充足时再修建雨水排水系统,使其转变成完全分流制排水系统。该体制节省初期投资,还可以缩短工期,主要用于有合适的地形和比较健全的明渠水系的地方,以便顺利排泄雨水。对于新建城市或发展中地区,为了节省投资或急于排泄污水,可先采用明渠排放雨水,待有条件后,再改建雨水暗管系统,转变成完全分流系统。但对于地势平坦、多雨易积水的地区,则不宜采用不完全分流制。

### 1.1.2　城市合流制排水系统分类

合流制排水系统是将生活污水、工业废水和雨水混合在同一个管渠内排除的管网系统。按照其产生的次序及对污水处理的程度不同,合流制排水系统可分直排式合流制、截流式合流制和完全处理式合流制三种形式。

（1）直排式合流制

管渠沿道路布置就近坡向水体,城市污水不经任何处理直接就近排放的排水方式称为直排式合流制。国内外老城区的合流制排水系统均属于此类。这种方式在城市建设早期使用较多,管渠造价低,所有排出的水不进入污水处理厂,所以投资省、造价低,管理维护费用也少。但该方式造成的水体污染危害很大,正是这个严重的缺点,使其不能适应社会发展的需要,正逐渐被淘汰。

（2）截流式合流制

由于污水对环境造成的污染越来越严重,必须对污水进行适当的处理才能够减轻对水环境造成的污染,因此产生了截流式合流制排水系统。在早期直排式合流制的基础上,临河岸边建造一条截流干管,同时设置溢流井,并设污水处理厂。晴天和初雨时,所有污水都排至污水处理厂,经处理后排入水体。当雨量增加,混合污水的流量超过截流干管的输水能力后,将有部分混合污水不经处理而经溢流井直接排入水体。这种排水系统与直排式相比有了很大改进,但截流干管的尺寸较大,要比直排式模式增加一些工程投资,但从长远看是有益的,适用于老城区的改建。

（3）完全处理式合流制

在降雨量较小且对水体水质要求较高的地区,可以采用完全处理式合流制,即将生活污水、工业废水和雨水全部送到污水处理厂处理后再排放。从控制和防止水体的污染来看,这种方式较好,但这时管道尺寸很大,污水处理厂容量也增加很多,建设费用也将相应增高。虽然这种方式对环境水质的污染最小,但对污水处理厂的要求很高,并且需要大量投资。

## 1.2　合流制排水系统共性问题分析

### 1.2.1　管网覆盖情况

根据调研可知,我国管道建设发展迅速。截至 2009 年,我国排水管道长度为 34.4 万千米,排水管道密度为 9.0 千米/平方千米,相比 2000 年年均增长率分别为 10% 和 4% ,具体情况如图 1.1 所示。但是我国城市排水管网的建设相对于国外还有一定的差距,管网覆盖率还有很大的提升空间。

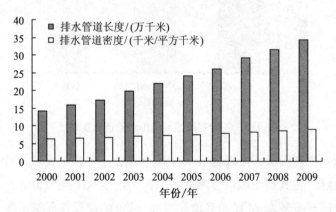

**图 1.1　我国 2000—2009 年排水管道长度及管道密度**

图 1.2 为我国不同地区排水管道的长度对比。由图可以看出,我国不同地区管网建设差异很大,其中,华东地区管道长度最长,约 14.2 万千米;西北地区管道长度最短,只有 1.5 万千米。华东地区管道长度是西北地区管道长度的 9.65 倍,是西南地区管道长度的 5.36 倍。

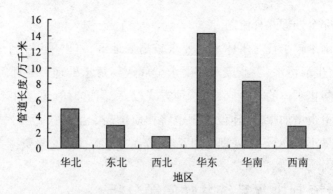

**图 1.2　我国不同地区排水管道的长度对比**

图 1.3 为我国不同规模城市的排水管道长度对比。由图可以看出,我国大城市的排水管道长度为 15.3 万千米,中等城市的排水管道长度为 12.9 万千米,小城市的排水管道长度为 6 万千米。大城市和中等城市排水管道长度相当,远高于小城市排水管道长度,是小城市排水管道长度的 2 倍左右。

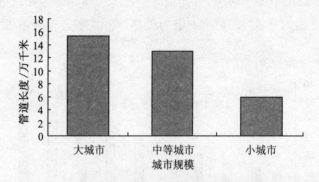

**图 1.3　不同规模城市的排水管道长度对比**

由图 1.2 和图 1.3 可以看出,我国华东地区,尤其是大城市管网覆盖率高;西北地区,尤其是小城市管网覆盖率低。产生这一现象的原因可能是我国华东地区经济较发达,城市环境要求高,城市的建设发展势必带动管网建设,且华东属于南方,水资源丰富,用水量大,污水产生量大,排水管网建设力度也相应增大;北方气候干燥,尤其是西北地区,用水紧张,排水量较少,排水管网建设力度也相应减轻。另外,小城市与大城市、中等城市相比财力有限,配套管网建设薄弱。

## 1.2.2　合流制在国内城市管网中的比例

不同城市由于经济发展、地域以及环境要求等差异,合流制和分流制的比例有较大的差别。根据我国 2010 年《城镇排水统计年鉴》资料统计及调研情况,现列举以下几个具有代表性的城市管网统计数据,具体见表1.1和图 1.4、图 1.5。

**表 1.1　城市排水管道统计**

| 地区 | 城市 | 合流管道长度/km | 污水管道长度/km | 雨水管道长度/km | 管道总长/km | 合流管道所占比例/% | 分流管道所占比例/% |
|---|---|---|---|---|---|---|---|
| 华北 | 北京 | 662 | 1 606 | 1 637 | 3 905 | 17 | 83 |
|  | 石家庄 | 78 | 981 | 750 | 1 809 | 4 | 96 |
|  | 唐山 | 22.91 | 1 248.91 | 776.18 | 2 048 | 1 | 99 |
|  | 邯郸 | 57 | 559 | 608 | 1 224 | 5 | 95 |
|  | 保定 | 53 | 242 | 429 | 724 | 7 | 93 |
| 东北 | 齐齐哈尔 | 7 | 112 | 256 | 375 | 2 | 98 |
| 西北 | 西宁 | 450 | 170 | 187 | 807 | 56 | 44 |
|  | 灵台 | 7 | 7 | 5 | 19 | 37 | 63 |
|  | 临夏 | 10.5 | 38 | 42 | 90.5 | 12 | 88 |
| 华东 | 上海 | 1 227.8 | 3 896.6 | 2 817.2 | 7 941.6 | 13 | 87 |
|  | 合肥 | 45 | 1 698 | 1 134 | 2 877 | 2 | 98 |
|  | 苏州 | 1 118 | 1 192 | 913 | 3 223 | 35 | 65 |
|  | 张家港 | 82 | 255 | 358 | 695 | 12 | 88 |
|  | 景宁 | 32.69 | 627.31 | 294.43 | 954.43 | 3 | 97 |
| 华南 | 桂林 | 13.45 | 245.86 | 194.55 | 456.85 | 3 | 97 |
|  | 泉州 | 15 | 101.87 | 101.87 | 218.74 | 7 | 93 |
|  | 三明 | 69 | 8 | 18 | 96 | 72 | 28 |
|  | 武夷山 | 15 | 43 | 5 | 63 | 24 | 76 |
| 西南 | 重庆 | 1 035.1 | 3 675.5 | 3 775.5 | 8 486.13 | 12 | 88 |
|  | 昆明 | 220 | 96.32 | 141.85 | 458.17 | 48 | 52 |
|  | 丽江 | 30 | 320 | 80 | 430 | 7 | 93 |
|  | 祥云 | 31.86 | 55.13 | 59.68 | 146.67 | 17 | 83 |

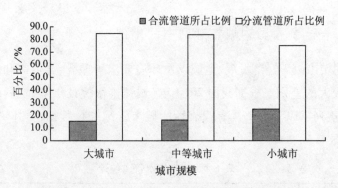

**图 1.4　不同排水体制在不同规模的城市所占比例对比**

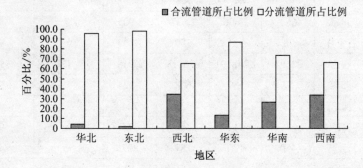

**图 1.5　不同排水体制在不同地区所占比例对比**

由图 1.4 可知,合流制在我国各城市中的比例基本在 50% 以下,全国平均比例在 20% 左右,合流制比例远低于分流制比例。这说明我国目前主要采用分流制排水体制,合流制正逐步被分流制取代。我国大城市合流制体制平均比例为 15.4%,中等城市合流制平均比例为 16.14%,小城市合流制平均比例为 25%,小城市合流制比例高于大中城市合流制比例。

由图 1.5 可知,我国西北和西南地区合流制比例较高,分别占 34% 和 33%,东北、华北、华东地区分流制比例较高,分别占 95%,94%,89%。造成该现象的原因可能是我国西部地区经济相对落后,大都沿用以前的排水体制,采用合流制比例相对较高;东北、华北、华东等地区对排水事业较重视,新建城区基本采用分流制,老城区则正在逐步进行合流制向分流制的改造。

## 1.2.3　产污系数现状

用水的过程就是污水产生的过程,伴随着水量的漏失、消耗等各种损失,污水量与供水量相比,水量必然会有所折减。表1.2 为2000—2009 年全国城市年供水总量与年污水排放总量情况统计数据。

表 1.2　2000—2009 年全国城市年供水总量与年污水排放总量统计　$10^8\ m^3$

| 年份 | 城市年供水量 | 城市年排污水量 |
|---|---|---|
| 2000 | 469.0 | 331.8 |
| 2001 | 466.1 | 328.6 |
| 2002 | 466.5 | 337.6 |
| 2003 | 475.3 | 349.2 |
| 2004 | 490.3 | 356.5 |
| 2005 | 502.1 | 359.5 |
| 2006 | 540.5 | 362.5 |
| 2007 | 501.9 | 361.0 |
| 2008 | 500.1 | 364.9 |
| 2009 | 496.7 | 371.2 |
| 2010 | 507.9 | 378.7 |

根据表1.2 计算可知,2000—2009 年全国城市年污水排放总量与年供水总量之比(即产污系数)在0.67~0.75 之间变化,平均值为0.72,维持在0.7 左右;城市年供水量比较稳定,年均增长率约0.8%,城市年污水排放量也相对稳定,年均增长率为1.3%。预计未来随着供水需求的增大,污水排放量也会相应提高。图1.6 为2000—2009 年全国城市年供水量及年污水排放量对比。

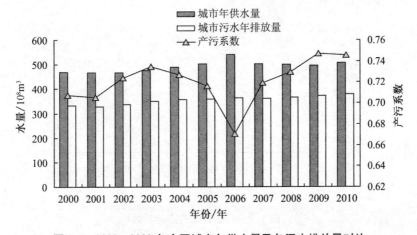

图 1.6　2000—2009 年全国城市年供水量及年污水排放量对比

由于城市规模和地域差别,不同城市产污系数存在差异。表1.3 列举了调研城市的日供水量与日排污量。

表 1.3　调研城市日供水量与日排污量　　　　　　　$10^4 m^3/d$

| 城市 | 日供水量 | 日排污量 |
|---|---|---|
| 景宁 | 1.2 | 0.9 |
| 密云 | 7.8 | 6.2 |
| 汉川 | 16 | 12.8 |
| 祥云 | 2.7 | 2.2 |
| 象山 | 10 | 8 |
| 佛山 | 145.67 | 138.39 |
| 汕头 | 65 | 55 |
| 昆明新区 | 6.5 | 3.9 |
| 宜都 | 12.52 | 7.08 |
| 东莞 | 67 | 57 |

由表 1.3 可知,调研城市平均日排污量与日供水量之比(产污系数)在 0.7 左右,这与全国平均年产污系数相一致。但是从表中还可看出,不同城市产污系数上下浮动较大,在 0.57~0.95 之间变化。例如,宜都市产污系数为 0.57,这说明宜都市水消耗量较大或管网渗漏问题严重。调研各城市产污系数如图 1.7 所示。

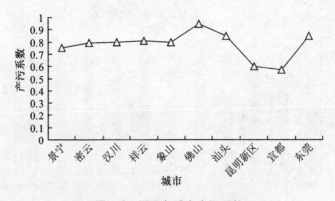

图 1.7　调研各城市产污系数

## 1.2.4　截流倍数选取

　　根据调研可知,国内城市截流倍数 $n_0$ 一般取 1。北京市 $n_0$ 取值为 $1 \sim$ 3,保定市、苏州市截流倍数 $n_0$ 取 3;重庆市渝中区属合流制,为了保护三峡水库,合流管道的截流倍数 $n_0$ 取 3;武汉市截流倍数 $n_0$ 一般取 $1 \sim 3$,其中以 $1 \sim 2$ 占多数;辽宁桓仁县、深圳宝安区截流倍数 $n_0$ 取 2。图 1.8 为不同截流倍数在我国城市中的使用比例。

　　由图 1.8 可知,目前我国 59% 的城市采用的截流倍数为 1,22% 的城市采用的截流倍数为 1.5,11% 的城市采用的截留倍数为 2,8% 的城市采用其他截流倍数。与国外相比,我国截流倍数取值相对较低,这是由我国经济和地域限制决定的。同时,调研发现,截流倍数取值较高($n_0 = 3$)的城市大都是经济较发达地区,如上海、北京、苏

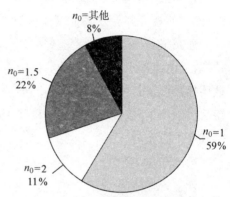

图 1.8　不同截流倍数
在我国城市中的使用比例

州等或部分城市新开发区。这主要是由于发达城市经济承受能力强,而且部分城市作为旅游城市,其水体环境质量要求更高;而经济相对落后的城市,由于担心增加管网工程投资费用,所以截流倍数取值较低,城市溢流污染严重。

## 1.2.5　合流管网的管理

　　1)管网资料管理现状

　　与管道系统其他环节相比,我国在管网资料管理环节比较薄弱,存在着资料管理分散,数据不完整、不准确、不全面、不系统等问题。在所有调研的城市中,36% 的城市对管网进行了详细的普查,管网资料基本齐全,40% 的城市管网资料有缺失,24% 的城市没有数据统计。图 1.9 为调研

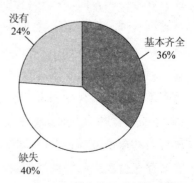

图 1.9　调研城市管网资料管理情况

城市管网资料管理情况。

根据调研情况分析,管网资料收集难的原因主要有以下4点:① 很多城市的排水管网建设周期长,相关数据不完整、不准确,且数据管理手段也较落后,有些区域的排水管道历史数据有遗失;② 已建管网靠无序纸图或简单图形文件记录与管理;③ 管网信息化不够系统,各种格式的数据并存,数据变化不能及时更新并统一存储;④ 缺乏数据标准及规范,影响信息的有效共享和使用。

管网资料分散,导致分析决策水平还停留在主观判断和简单推理的层次,低效的查询分析方法难以体现复杂管网的网络特征和上下游关系。缺乏全面完整、科学有效的管道养护筛选数据库,就难以制定高效的管道养护计划,从而使排水管网设施的养护随意性大,养护效果也难以评估。数据分散还导致排水管网在水力分析、调度分析、布局优化分析和应急事故分析时缺乏科学依据,流域级别的综合模式无法实现,在应对防汛抢险等危机事件时调度手段无力。

2)管理体制现状

管道管理体制,从管网的规划、论证,到管道施工、运行管理及项目运行效果的评价,所涉及的管理部门及单位众多。总体来看,主要可以分为规划管理体制、行政管理体制、工程管理体制和监督管理体制等。

在规划管理体制方面,专业规划体系基本形成,但综合规划滞后。在行政管理体制方面,河道管网管理体制基本形成,但融合建设、水利、环保、国土等多部门的综合管理体制尚未形成。在工程管理体制方面,管网工程管理体制基本形成,但融合建设、环保等多部门的综合管理体制尚未形成。在监督管理体制方面,各部门分别监管体制形成,但综合监管体制尚未形成。从管网管理总体构架来看,管网管理的格局主要是"分级、分部门、分区域管理三结合",但是各部门、各区域职责不明、权责不分,且具有浓厚的部门利益,致使部门之间、区域之间、上下级之间协调不够,导致各个部门管理行为带有浓重的部门利益和区域利益色彩,存在缺位、错位、越位现象。究其原因,主要是管网管理的众多单位中缺少一个能起主导作用、协调各个管理主体行为的角色,进而使得共同管理的目标未能实现。在工程管理机制方面,主要存在行政决策协调不畅、部门间沟通欠缺、管理监督职能缺位、公众参与性不高以及行政责任追究力度不够等问题。

综上所述,我国管网管理存在体制不顺、机构重叠的问题。

3) 管理手段现状

我国强化管理的手段不多,没有专门的排水法规,排水管理无法可依,无法实施强化管理,排水工程的安全运行得不到保证。因此,下水道井盖被盗,向下水道投放废弃物、擅自接管、超标超量排放污水、野蛮施工等现象时常发生。

4) 运行、改造现状

目前,我国城市合流管网运行现状和改造措施见表1.4。

**表1.4　我国城市合流管网运行现状和改造措施**

| 地区 | 城市 | 合流管网运行现状 | 改造措施 |
| --- | --- | --- | --- |
| 华北 | 唐山 | ① 老城区排水设施年久失修,损坏淤积严重,常有污水跑冒现象发生,影响居民的出行安全;<br>② 城内 15 km 的矩形沟渠,需改造成管道;<br>③ 重新管网建设,轻老管网改造 | ① 开展排水普查,新建雨污水管网,改善老城区的排水状况;<br>② 多方筹措管网建设资金;<br>③ 排水管网设施进行档案数字化,采用网络化技术对城市排水系统进行科学化管理 |
| | 宜都 | ① 管网的抗冲击强度低,养护不及时,受设施老化及污水中污染物的腐蚀等因素的影响,管道存在变形、错位、破裂现象;<br>② 雨污分流不彻底,管网系统不完善,管理难度大,排水许可难以实现,致使小区、沿街饭店、洗车点等污水就近排入雨水管 | ① 选择分流制、合流制、截流式合流制并存的排水体制,加快雨污分流改造、污水截流以及污水管道的建设步伐;<br>② 加快污水处理厂的建设步伐,使截流的污水能够集中进行处理 |
| 华东 | 镇江 | ① 丁卯污水管道系统不完善;<br>② 排水管道存在渗漏、破损情况,进入污水处理厂的污水量大于预估量。 | ① 实施排污截流工程;<br>② 对老城区合流管网进行改造;<br>③ 完善污水管道系统 |
| | 无锡 | ① 雨污分流不彻底,雨水接入污水管;<br>② 排水户错接乱排,污水排入雨水管和河道;<br>③ 部分污水管网老化,淤积严重,过水量达不到设计要求 | ① 开展控源截污工作,彻底解决污水截流;<br>② 对管网系统进行"拉网式"排查清理,彻底整改存在的问题,实现排水顺畅、雨污分流 |
| | 张家港 | ① 中心城区约60%的污水管网处于超期使用状态;<br>② 在雨季,污水截流干管收纳了新建小区分流的雨、污水,雨、污水混合后通过截流槽进入河道排入水体 | 对旧城区排水管网进行改造,使之成为污水管道,从而实现雨污分流 |

续表

| 地区 | 城市 | 合流管网运行现状 | 改造措施 |
|---|---|---|---|
| 华南 | 汕头 | 现有的截流式合流制污水管网承担收集传输雨水和城市防洪排涝的重担,大量的雨水和地下水进入处理系统,造成进水浓度低等问题 | ① 加强污水管网配套和完善;<br>② 老城区雨污分流改造,敷设污水主次干管,完善污水支管;<br>③ 针对每个住宅小区雨污水排放现状,实施小区内化粪池后的管道及雨污分流改造 |
| | 三明 | ① 污水管道系统尚不完善,部分地区及部分现状路上的污水管道还没有配套建设;<br>② 污水管道缺乏整体规划,造成主干管系统出现管径上游大、下游小现象;<br>③ 管网淤积严重,进入污水处理厂的两条污水主干管均已淤积,影响了污水收集效率;<br>④ 污水管道相互上下穿越,造成不必要的浪费,部分主干管穿越了规划居住用地地块 | 利用现状污水管线,对淤积的污水管道进行清淤疏通,提高和恢复污水管道的排水能力 |
| 西北 | 兰州 | ① 管道老化,46% 的污水管网建设于 20 世纪 80 年代前;<br>② 管径小、损坏严重、排污能力低;<br>③ 管网布局不合理,城区边缘及高坪地区均未埋设雨水管 | 由于管网建设将对市区交通带来压力,将管网项目分阶段实施,逐步敷设配套管网,实现雨污分流改造 |
| | 银川 | ① 管网建设不够完善,建设滞后,局部街坊的下水管道的建设滞后于住宅和其他建筑物的建设速度,排水管道被迫就近排入河道,全市每日产生的污水有一半以上未经污水厂直接进入河道;<br>② 工厂区和住宅区离开城市管网比较远,无法接入城市污水管,造成接入雨水管道或就近排入雨水沟渠的现象 | ① 对现有道路下无下水管道的盲区,铺设管道;<br>② 针对雨、污水管道混接,建设截流管道对污水进行截流 |

　　分析表 1.4 可知,不同规模及地区的城市管网建设运行的现状有所不同,但是没有明显的差异,都存在以下 4 个方面的共性问题:

　　(1)受其他市政基础设施建设的制约,城市污水管道系统建设跟不上城市建设的发展速度,即管网建设相对滞后,路修到哪,管敷到哪,导致许多渠道无出路或任意接入临时排放污水管道,同时新建污水管线和污水处理厂还受拆迁进度的影响。

（2）污水管道规划整体性差，布局不合理。一是部分管线标高较高、埋深较浅，导致周边排水无法接入；二是存在管径偏小、部分管段流向与流域整体流向倒坡；三是部分排水设施建设规模严重超前，暂无下游排放至污水处理厂；四是雨污水管网系统与城市防洪系统、河道等水体各自独立，没有协调规划，系统间不但不能相互利用和联动，反而存在矛盾，彼此牵制；五是雨污混流治理过于简单机械，既不能从根本上解决污水入河的问题，又在一定程度上影响着城市防汛。

（3）污水管道错接、漏接、混接现象普遍存在，雨污分流不彻底，雨水、污水流入合流管网，造成进入污水处理厂的进水浓度低。

（4）部分城市的合流管网超期使用，建成年代久远，管道老化、损坏严重。

各城市面对城市管网存在的问题采取的改造措施可总结如下：① 对城市管网进行雨污分流；② 进行控源截污，沿河建立截污干管对污水进行截流；③ 进行管网普查，整改管网乱接、错接现象，完善污水管道建设，扫除盲区。

总结我国合流管道改造措施可知，我国溢流污染控制技术单一，侧重于将合流制改为分流制。部分城市没有考虑到城市的经济水平、市政设施投入力度、雨污水量的多少等实际情况，管网改造一味追求雨污分流，最后导致雨污分流不彻底的情况出现，没有达到控制溢流污染的目的。

## 1.2.6　合流管网维护措施现状

### 1）更换

很多城市正在进行管网改造，目前常见的管道更换方法比较见表1.5。

**表1.5　常见的管道更换方法比较**

| 管网更换方法 | 优点 | 缺点 |
| --- | --- | --- |
| 开挖更换 | 容易实施 | 造成道路交通的短时隔离 |
| 废弃原管道，另铺新管道 | 避免在主管线等进行全线开挖；新管道管径的缩小对开挖等条件提供了优势 | 需要足够的空间并对旧管道进行填实处理 |
| 非开挖加固修复 | 施工对道路交通及其地下层的影响很小 | 管道出现大的错位，变形的时候无法达到预期的效果；新管道的管径、坡度等完全取决于旧管道 |

2）清通

（1）排水管道的清洗

排水管道常通过人为地提高管道中的水头差、增强水流压力、加大流速和流量来清洗管道内的沉积物。目前，常用的清洗方法主要是水力冲洗和机械冲洗。

① 水力冲洗

水力冲洗是用水对管道进行冲洗，既可利用管道内污水自冲，也可利用自来水或河水冲洗，不同的冲洗方法适用于不同的环境条件。水力冲洗适用于水量充足、坡度良好、管径为 200～800 mm 的管道。

② 机械冲洗

机械冲洗是利用机械装置产生高压射流来冲洗管道。管道机械冲洗适用于管径为 200～800 mm 的管道，其限制条件是需预先在装置中储存足够量的水。

（2）排水管道的疏通

当管道淤泥沉积物过多甚至造成堵塞时，必须使用疏通掏挖来的方法清除。排水管道疏通就是用机械直接作用于沉积物，使其松动并被污水挟带输送或直接人工清除出管道。目前，常见排水管道的疏通方法有人力疏通、竹片（玻璃纤维竹片）疏通、绞车疏通和钻杆疏通，具体见表 1.6。

表 1.6　排水管道疏通的方法

| 方法 | 操作特点 | 局限条件 |
| --- | --- | --- |
| 人力疏通 | 工作人员进入检查井，进行疏通掏挖 | 存在安全隐患，在实际工作中不适合采用 |
| 竹片疏通 | 用人力将竹片、钢条等工具推入管道内，顶推淤积阻塞部位或扰动沉积泥 | 推力小，竹片截面积小，扰动淤泥有限 |
| 绞车疏通 | 依靠绞车的交替作用使通管工具在管道中上下刮行，从而达到松动淤泥、推移清除、清扫管道的目的 | 不能单独使用，必须借助竹片或穿管器；不同管径要使用符合其相应规格的通管工具 |
| 钻杆疏通 | 用驱动装置带动钻头与淤塞部位作用、顶推淤积，达到疏通管道的目的 | 需管道埋深小、井口大、不影响钻杆运行 |

3）检查

检查排水管道，确定管道是否需要清洗，及时发现损坏并分析原因。排水管道的检查方法可以分为两种：① 定性的方法，如视觉法（见表1.7）；② 定量的方法，如测量法。前者更为简单，应用更为广泛。

表1.7　常见的视觉检查方法

| 方法 | 操作特点 | 局限条件 |
|---|---|---|
| 简单的视觉检查 | 直接进行视觉观察 | 存在安全隐患，适用于埋深浅、水量小的管道 |
| 镜检 | 镜检能确定管道是否需要清洗和清洗后的评价，能发现管道的错位、径流受阻和塌陷等情况 | 不适用于长管，只适用于直管 |
| 复杂的视觉检查 | 人工进入管道进行直接检查或者摄像机进入管道行驶进行间接检查 | 需清洗和放空管道 |

4）维护管理措施存在的问题

我国管道维护机械化程度不高，设备落后，偏向于人工维护，使用工具还停留在竹片、铁耙、扁铲等，碰到棘手问题毫无办法；管道的传统检查、监测手段低级，仅通过肉眼和简单的仪器观察判断，不仅盲目性大，而且不能掌握管道内部运行状态，无法发现管道内部的病害，造成很多排水管网老化、腐蚀严重，超期服役，带着隐患运行。

# 1.3　合流制排水系统污染特征

## 1.3.1　城市雨水径流污染物的种类、来源及危害

我国城市溢流污染物的种类、来源及危害见表1.8。

表1.8　我国城市溢流污染物的种类、来源及危害

| 污染物分类 | 污染物来源 | 危害 |
|---|---|---|
| 固体物质 | 轮胎磨损颗粒、筑路材料磨损颗粒、运输物品的泄漏、大气降尘、路面除冰剂、混凝土及沥青路面、杂物 | 固体污染物是重金属及有毒化合物 PAHs 等的黏附载体，淤积水体会降低水体的生态功能 |
| 还原性有机物 | 有机废物、下水道淤泥、植物残体、工业废物 | 消耗水中的氧，引起富营养化 |

续表

| 污染物分类 | 污染物来源 | 危害 |
|---|---|---|
| 重金属(Cd,Cr,Cu,Pb,Ni,Zn 等) | 汽车尾气的排放、燃料或润滑油的泄漏、除冰剂的撒播、轮胎的磨损、制动器磨损、杂物掉落、工业排放、农药喷洒 | 有毒 |
| 油和脂 | 燃料及润滑油的泄漏、废油的排放、工业用油的泄漏 | 有毒 |
| 毒性有机物(PHC 和 PAHs 等) | 汽油的不完全燃烧产物、润滑油的泄漏、塑化剂、燃料、垃圾掩埋、石油工业 | 有毒 |
| 氮、磷营养物 | 大气沉降、对植物的施肥、杂物 | 有毒 |
| 农药 | 绿地的施用、空气中飘浮的农药颗粒的沉降 | 有毒 |

从表 1.8 可以看出,城市地面沉积物在降雨过程中最终进入自然水体。由于这些污染物质大多数对生物有毒有害,所以雨水径流进入水体后会对水体水质产生很大影响。

### 1.3.2 城市雨水径流的污染特性

(1)城市道路雨水径流污染特性

我国城市道路雨水径流污染物浓度值见表 1.9。

**表 1.9　我国城市道路雨水径流污染物浓度值**　　mg/L

| 城市 | 功能区域 | COD_Cr | SS | TN | TP |
|---|---|---|---|---|---|
| 成都 | 交通 | 553.25 | 1 544.52 | 17.25 | 1.63 |
| | 居民 | 1 169.62 | 2 321.21 | 20.56 | 2.97 |
| | 商业 | 564.81 | 110.99 | 14.66 | 1.18 |
| 上海 | 交通 | 222.00 | 188.00 | 7.45 | 0.31 |
| | 居民 | 319.00 | 137.00 | | |
| | 商业 | 227.00 | 236.00 | | |
| 广州 | 交通 | 373.00 | 439.00 | 11.71 | 0.49 |
| 昆明 | 商业 | 389.00 | 493.15 | 8.18 | 2 |
| | 居民 | 90.35 | 155.56 | 3.72 | 0.78 |

续表

| 城市 | 功能区域 | COD$_{Cr}$ | SS | TN | TP |
|---|---|---|---|---|---|
| 苏州 | 居民 | 118.00 | 111.50 | 4.70 | 0.16 |
| | 商业 | 479.00 | 392.50 | 11.40 | 0.72 |
| 镇江 | 交通 | 271.20 | 303.50 | 3.330 | 0.86 |
| | 居民 | 383.40 | 352.10 | 4.73 | 1.04 |
| 汉阳 | 交通 | 378.00 | 678.00 | 5.87 | 0.62 |
| | 小区 | 85.00 | 500.00 | 5.47 | 0.415 |
| | 商业 | 530.60 | 554.70 | 17.52 | 2.35 |
| 北京 | 交通 | 140.18 | 243.47 | 6.89 | 0.61 |
| 北京文教区 | 交通 | 219.95 | 82.02 | 6.39 | 0.49 |
| 兰州 | 交通 | 873.00 | 734.00 | — | — |
| | 小区 | 582.00 | 1 101.00 | — | — |
| 天津 | 商业 | 191.00 | 583.31 | — | — |
| | 居民 | 283.00 | 534.69 | — | — |
| 济南 | 交通 | 101.22 | 969.25 | 3.87 | 0.31 |
| | 小区 | 88.95 | 587.5 | 3.42 | 0.31 |
| 西安 | 交通 | 317.00 | 595.00 | — | — |
| 青岛 | 交通 | 541.30 | 716.00 | | 0.31 |
| | 小区 | 263.65 | 210.00 | 8.375 | 1.40 |
| 城市均值 | | 361.28 | 550.89 | 8.71 | 0.95 |
| 地表水环境 V 类标准 | | 40 | 150 | 2 | 0.4 |

　　由表 1.9 可知,我国城市道路雨水径流中各污染物浓度都远远超出了国家地表水环境质量 V 类标准。其中,COD$_{Cr}$平均浓度为 361.28 mg/L,SS 平均浓度为 550.89 mg/L,TN 平均浓度为 8.71 mg/L,TP 平均浓度为 0.95 mg/L。我国不同地域和规模的城市道路径流污染比较如图 1.10 所示。不同功能区的各污染物均值比较如图 1.11 所示,超标率均为 100%。

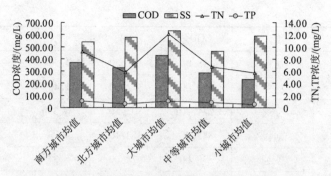

**图 1.10　不同地域和规模的城市道路径流污染比较**

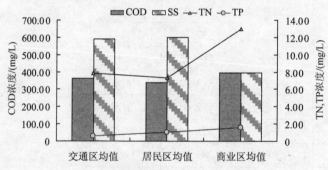

**图 1.11　不同功能区的各污染物均值比较**

由图 1.10 和图 1.11 可知,就 COD 浓度而言,我国南方城市道路径流污染物浓度 > 北方城市道路径流污染物浓度;大城市道路径流污染物浓度 > 小城市道路径流污染物浓度 > 中等城市道路径流污染物浓度;交通区道路径流污染物浓度 > 商业区道路径流污染物浓度 > 居民区道路径流污染物浓度。综上可知,我国南方城市,尤其是大城市的交通区道路雨水径流污染情况严重。

（2）城市屋面雨水径流污染特性

我国城市屋面雨水径流污染物平均浓度见表 1.10。

表 1.10　我国城市屋面雨水径流污染物平均浓度　　　　　　　　mg/L

| 地区 | 屋面材质 | $COD_{Cr}$ | SS | TN | TP |
|---|---|---|---|---|---|
| 上海文教区 | 不详 | 42.6 | 27.21 | 4.80 | 14.00 |
| 上海市区 | 沥青 | 47.00 | 55.00 | — | — |
| 上海理工大学 | 瓦面 | 8.00 | 59.00 | — | — |

续表

| 地区 | 屋面材质 | COD$_{Cr}$ | SS | TN | TP |
|---|---|---|---|---|---|
| 武汉市区 | 不详 | 49.75 | 50.00 | 5.05 | 0.23 |
| | 沥青 | 30.00 | 72.00 | — | — |
| 昆明 | 不详 | 49.15 | 27.21 | 3.83 | 0.25 |
| 汉阳 | 不详 | 50.70 | 50.00 | 5.50 | 0.23 |
| 北京市区 | 沥青 | 328.00 | 136.00 | — | — |
| | 瓦面 | 123.00 | 136.00 | — | — |
| 北京科学生态研究中心 | 沥青油毡 | 140.10 | | 8.21 | 0.17 |
| 北京文教区 | 红砖 | 115.90 | 27.00 | 8.26 | 0.71 |
| 兰州 | 不详 | 225.00 | 136.00 | | |
| 天津 | 不详 | 82.00 | 81.00 | — | — |
| 青岛 | 不详 | 49.55 | 45.00 | | — |
| 济南 | 沥青油毡 | 32.70 | 507.00 | 10.50 | 0.14 |
| 城市均值 | | 91.57 | 100.06 | 6.59 | 2.25 |
| 地表水环境 V 类标准 | | 40 | 150 | 2 | 0.4 |

由表 1.10 可知,我国城市屋面雨水径流各污染物浓度(除 SS 外)都超出国家地表水环境质量 V 类标准。其中,SS 平均浓度为 100.06 mg/L,在地表水环境质量 V 类标准范围内,COD$_{Cr}$平均浓度为 91.57 mg/L,TN 平均浓度为 6.59 mg/L,TP 平均浓度为 2.55 mg/L,均超标。

我国不同地域和规模的城市屋面径流污染比较如图 1.12 所示。不同屋面材质的各污染物均值比较如图 1.13 所示。

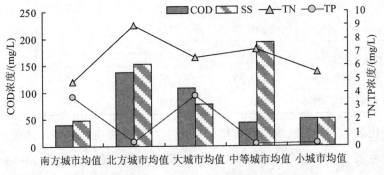

图 1.12　不同地域和规模的城市屋面径流污染比较

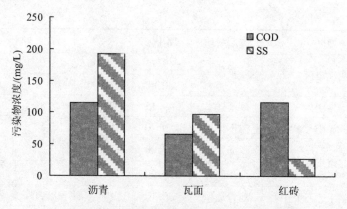

图 1.13　不同屋面材质的各污染物均值比较

由图 1.12 和图 1.13 可知,我国北方城市屋面径流中 COD,SS 污染物浓度>南方城市屋面径流中 COD,SS 污染物浓度;大城市屋面径流 COD 浓度>中等城市屋面径流 COD 浓度>小城市屋面径流 COD 浓度;不同屋面材料中,沥青屋面径流污染物浓度最高。综上可知,我国北方城市,尤其是北方大城市中的沥青屋面径流污染情况最严重。

（3）城市排污口雨水径流污染特性

我国城市排污口雨水径流污染物浓度见表 1.11。

表 1.11　我国城市排污口雨水径流污染物浓度　　　　　　　　　　　mg/L

| 地区 | 排污口类型 | $COD_{Cr}$ | SS | TN | TP |
|---|---|---|---|---|---|
| 珠海 | 分流 | 77.51 | 569.34 | 4.96 | 0.48 |
| 北京 | 分流 | 106.80~661.00 | 110.00~210.00 | 1.50~22.20 | 0.75~4.90 |
| 上海 | 合流 | 614.00 | 684.00 | 17.60 | 2.70 |
| 昆明 | 合流 | 201.10 | 228.69 | 27.37 | 2.51 |
| 北京 | 合流 | 190.00 | 350.00 | 26.40 | 2.36 |
| 各城市均值 | | 293.35 | 397.41 | 17.64 | 2.19 |
| 地表水环境 V 类标准 | | 40 | 150 | 2 | 0.4 |

由表 1.11 可知,我国城市排污口雨水径流各污染物的平均浓度都远远超出地表水环境质量 V 类标准。其中,$COD_{Cr}$ 平均浓度为 293.35 mg/L,SS 平均浓度为 397.41 mg/L,TN 平均浓度为 17.64 mg/L,TP 平均浓度为

2.19 mg/L,超标率高达100%。

我国城市分流制和合流制各污染物浓度比较如图1.14所示。

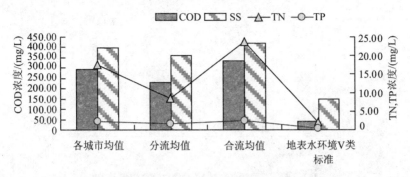

**图 1.14　我国城市分流制和合流制各污染物浓度比较**

由图1.14可知,合流制排污口各污染物的浓度远远高于分流制排污口各污染物的浓度,这说明分流制排水体制对于控制溢流污染有显著的作用。

（4）城市天然雨水污染特征

我国各城市天然雨水平均浓度见表1.12。

**表 1.12　我国各城市天然雨水平均浓度**　　mg/L

| 城市 | $COD_{Cr}$ | SS | TN | TP |
|---|---|---|---|---|
| 北京 | 6.01 | 6.49 | 3.99 | 0.06 |
| 武汉 | 31.09 | 7.90 | 2.50 | 0.08 |
| 西安 | 10.33 | 12.29 | 3.84 | — |
| 广州 | 35.00 | — | 6.10 | 0.04 |
| 各城市均值 | 20.81 | 8.89 | 4.11 | 0.06 |
| 地表水环境 V 类标准 | 40 | 150 | 2 | 0.4 |

由表 1.12 可知,我国城市天然雨水径流污染物平均浓度除 TN 外,$COD_{Cr}$,SS,TP 都未超出地表水环境质量 V 类标准,$COD_{Cr}$,SS,TP 的平均浓度分别为20.81,8.89,0.06 mg/L。但 TN 平均浓度为4.11 mg/L,高于地表水环境质量V类标准2 mg/L 的限值。

## 1.3.3　不同径流类型污染物浓度比较

对我国城市道路径流、屋面径流、排污口径流、天然雨水的 $COD_{Cr}$,SS 的平均浓度进行分析比较,结果如图 1.15 所示。

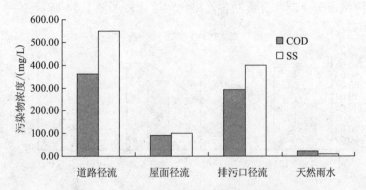

**图 1.15　不同径流类型 COD 和 SS 浓度比较**

由图 1.15 可知,$COD_{Cr}$ 和 SS 浓度在 4 种不同径流类型中由大到小依次为道路径流、排污口径流、屋面径流、天然雨水,这说明我国道路径流中的 $COD_{Cr}$,SS 污染最严重。排污口径流污染程度次于道路径流,这是由天然雨水和屋面径流稀释道路径流所致。排污口径流包含道路径流、屋面径流和天然雨水含绿地和庭院等汇水面的雨水径流。

对我国城市道路径流、排污口径流、天然雨水的 TN,TP 的平均浓度进行比较分析,结果如图 1.16 所示。

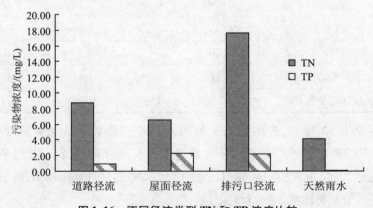

**图 1.16　不同径流类型 TN 和 TP 浓度比较**

由图 1.16 可知,TN 和 TP 浓度在 4 种不同径流类型中由大到小依次为排污口径流、道路径流、屋面径流、天然雨水。天然雨水中除 TN 外,其他污染物浓度均未超出地表水环境质量 V 类标准,而道路径流、屋面径流和排污口径流都超出地表水环境质量 V 类标准,这说明地表径流污染物的主要来源不是天然雨水,而雨水对城市地表的冲刷加重了雨水径流污染,所以地表沉积物是屋面径流、排污口径流和道路径流的污染物主要来源。

## 1.3.4　城市合流管网溢流特征

合流制排水系统是通过一套管道收集输送各类污水和雨水的排水系统。在暴雨或融雪期条件下,由于大量雨水流入排水系统,流量超过污水处理厂或污水收集系统的设计能力,超出部分以溢流方式直接排放,这部分溢流混合污水称为合流制排水系统污水溢流(Combined Sewer Overflows,CSO)。

CSO 由生活污水、工业废水和雨水三种性质不同的水流组成,其中还包含旱期管道内管道底泥形成的大量污染物,而污染物的量也根据各种水量比例的不同而不同。CSO 不仅包括 SS 等固体污染物,还包括其他可溶性有机物、营养物质及其他有毒有害物质(如重金属、氯代有机物等),另外还包含大量生活污水中的致病微生物。合流溢流量很大,是受纳水体主要污染源之一。它们对受纳水体能够产生很大的副作用,对水生植物、饮用水安全产生严重威胁。

合流制排水系统溢流污染具有以下特点:

(1) 随降雨过程中雨量的变化,流量变化很大。因各地气候、降雨量的不同,其中污染物的浓度变化也较大。

(2) 对于某些河流沟道系统,降雨时,由于地表径流在短时间内累积流入沟道,在 CSO 过程初期,将形成污水流量的高峰,并且由于初期暴雨对地表和沟道中累积的污染物的冲刷,形成污染物浓度的高峰。随着径流量的增加,污水得以稀释,污染物浓度下降至平均水平,这种现象被称为初期冲刷(first flush),即径流初期雨水中污染物浓度较大的现象。

(3) 受纳水体水文学和水力学条件的不同,CSO 造成的污染程度也不同。CSO 不论是否经过处理,最终都将排入特定的水体。当受纳水体流速较快时,其稀释能力和水体自净能力都比较强,可减轻 CSO 污染的影响。然而对于像我国北方地区那种流速较小、流量季节性变化较大的水体,CSO 的排放常常造成相对严重的污染。

CSO 的污染取决于集水流域的特点和功用,而集水流域的特点和功用决定了污染物的种类和浓度,其污染物主要是与生活污水有关的耗氧污染物和病源微生物。CSO 不经处理直接外排将会造成严重危害,对受纳水体造成严重影响,主要包括以下几个方面:

(1)影响水生生物。CSO 中大量的有机物排入水体,促使微生物迅速繁殖,造成水中溶解氧下降,水体中经常短期出现低溶解氧时,会影响水生生物的正常生长,阻碍内陆水体水产业的发展。

(2)造成水体富营养化。水体中富含大量的氮、磷元素时,水中藻类异常增殖,水呈褐绿色,不仅有损水体外观,而且当这种水作为水源时,将造成给水处理困难,提高制水成本。

(3)污水中的固体颗粒使受纳水体的视觉效果变差,造成人舒适感的下降。

(4)大量的微生物排入水体,成为威胁人类健康的隐患。

(5)对污水处理厂的运行管理造成影响。由于合流制污水处理厂的水质、水量不断变化且变化幅度可能较大,要求污水厂的设计流量比分流制排水系统的污水处理厂还要大,同时还会给污水处理厂的运行管理带来一定困难。

### 1.3.5　合流制排水管网溢流污染控制存在的问题

合流制排水管网溢流污染防控技术的研发在国外已开展了较长时间,形成了较为成熟的技术并已有一些控制设施的专利产品取得了很好的应用效果。虽然我国个别大城市近年来加强了对合流制排水管网溢流污染防控技术的研究,并采取了一系列的控制措施,但从总体上看,我国对合流制排水管网溢流污染问题仍缺乏系统深入的研究,还未形成完善的、系统化的处理技术体系和处理设施。其中的主要问题可概括为以下几个层面:

(1)方法层面:理论基础薄弱,规划集成不足,缺乏健全的排水体制。我国城市雨水的设计体系仍然是直接排放的模式,将合流制污水沟道系统改建成分流制系统使混合污水实现雨污分离,可消除合流制排水管网溢流的产生。但是,这对于已建成的大中城市不仅需要改建所有的接户管,破坏大量路面,改建工作量极大,耗时耗力,而且极不经济。因此,根据各个城市的具体情况选择适宜的排水体制尤为关键。

(2) 实施层面:改造不彻底,规划不全面或虽有规划,但规划与工程脱节。

(3) 技术层面:溢流污染控制技术单一,污染治理不足。我国目前还缺乏高效的合流制排水管网溢流污染控制处理关键技术及措施,如我国的截流倍数值选用普遍偏小,使得合流制排水系统雨天溢流水量极大,从而使受纳水体遭到严重污染的危险性增大;调蓄池的造价通常很高,因此投资费用高常常成为合流制排水管网溢流调蓄池能否应用的主要限制因素;针对合流制排水管网溢流没有给出相应的消毒标准,尤其缺乏卫生学指标。

(4) 管理层面:管理体制欠缺或落实不到位,缺乏完善的合流制排水管网溢流污染控制政策法规体系。目前,发达国家已经投入了大量的资金,建立了配套的合流制排水管网溢流污染控制法规体系。而我国对合流制排水管网溢流污染控制的研究起步较晚,由于认识及研究上的滞后,目前尚未形成相应的合流制排水管网溢流污染控制政策法规体系。加之我国幅员辽阔,各城市的自然条件、发展程度、基础设施状况等各方面条件相差很大,因此根据各城市的不同特点有针对性地制定符合当地条件的合流制排水管网溢流污染控制对策及措施尤为重要。

总之,合流制排水管网溢流污染防控问题在我国尚未引起足够重视,亦少见具体处理设备在合流制排水管网溢流中得到应用,我们应该充分借鉴国外的先进技术,结合我国实际情况,出台管理政策,将其纳入水务、市政、环保等职能部门的监管之中,开发适合中国国情的合流制排水管网溢流污染防控技术,特别是共性技术与关键技术,形成相应的技术体系并制定技术规范和标准,尽快有效地控制 CSO 及雨水径流对城市水体的污染,改善河道水质,提升城市水体的景观功能。

# 第 2 章

# 合流管网溢流污染源解析

## 2.1  溢流口污染的产生特性

### 2.1.1  降雨过程中溢流口水质、水量变化趋势分析

课题组自 2009 年 9 月至 2010 年 8 月对镇江古运河各排口溢流污染水量进行监测,并重点对中山桥排口和黎明河排口两个溢流口进行了连续跟踪监测。其中,中山桥段至塔山桥段 7 个排口为合流制排口,降雨过程中产生溢流污染;塔山桥段至经十二路段的解放桥、京岘山桥、905 库为雨水排口,但由于上游管道混接,也有部分污水排出。除此之外均为纯污水排口,降雨过程中无溢流污水排放。

为期 1 年的系统调查结果表明,该区域共降雨 25 次,监测到溢流污染排放 4 次。其中,中山桥排口监测结果如图 2.1 至 2.4 所示。

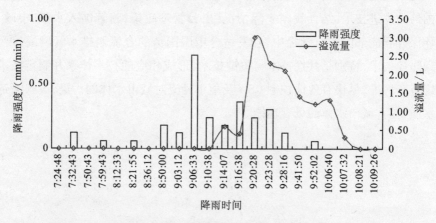

图 2.1  中山桥排口溢流污染随降雨过程的变化 (2010 – 07 – 16)

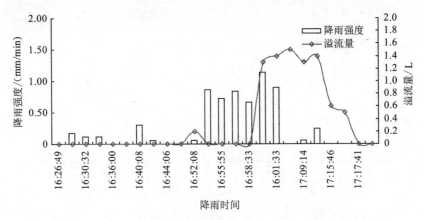

图 2.2　中山桥排口溢流污染随降雨过程的变化(2010 – 07 – 24)

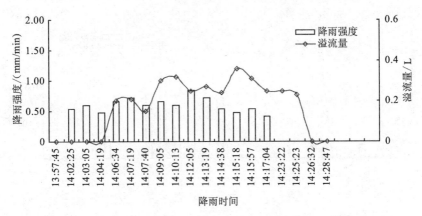

图 2.3　中山桥排口溢流污染随降雨过程的变化(2010 – 08 – 23)

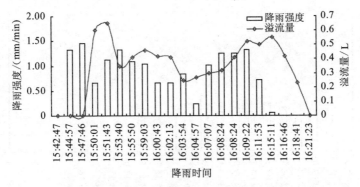

图 2.4　中山桥排口溢流污染随降雨过程的变化(2010 – 08 – 31)

同时,对以上溢流污染水质进行监测,结果如图 2.5 至图 2.8 所示。

28

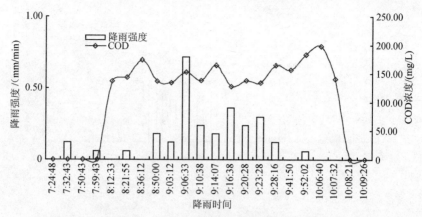

**图 2.5　中山桥排口溢流污染随降雨过程的变化 (2010－07－16)**

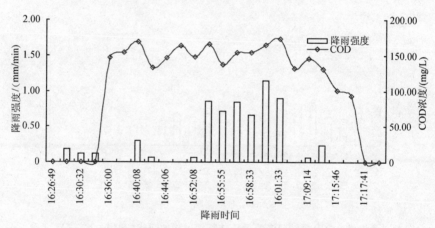

**图 2.6　中山桥排口溢流污染随降雨过程的变化 (2010－07－24)**

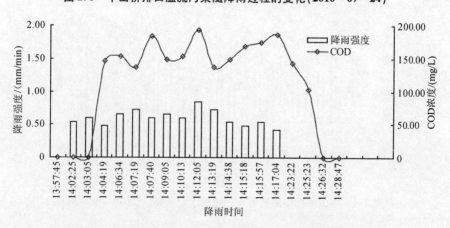

**图 2.7　中山桥排口溢流污染随降雨过程的变化 (2010－08－23)**

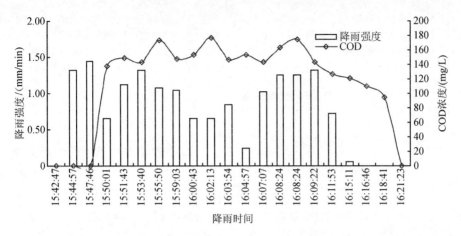

**图 2.8　中山桥排口溢流污染随降雨过程的变化(2010 – 08 – 31)**

对以上溢流污染进行计算,结果见表 2.1。

**表 2.1　古运河示范区建设前中山桥溢流口污染排放情况统计**

| 日期 | 降雨历时/min | 降雨量/mm | 平均降雨强度/(mm/min) | 溢流量/L | 溢流污染物排放总量/kg |
|---|---|---|---|---|---|
| 2010 – 07 – 16 | 443.416 7 | 80.93 | 0.16 | 5 462 | 0.535 |
| 2010 – 07 – 24 | 485.833 3 | 90.46 | 0.27 | 9 383 | 1.150 |
| 2010 – 08 – 23 | 25.616 | 50.28 | 0.48 | 832 | 0.189 |
| 2010 – 08 – 31 | 169.883 3 | 74.29 | 0.77 | 4 282 | 0.183 |

由此可见,中山桥等溢流口在暴雨下,溢流污染量大,大量污染水体排入古运河,造成古运河水质的恶化。

## 2.1.2　溢流口沉积物重金属指标监测结果

通过对镇江市中山桥溢流口水质分析,得到沉积物中重金属含量的全年变化情况,如图 2.9 所示。

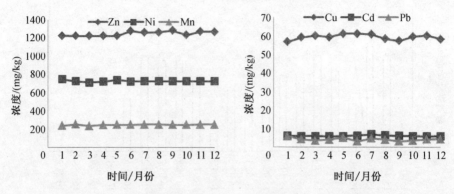

图 2.9　中山桥溢流口沉积物中重金属浓度的月变化情况

对各种重金属含量的空间分布进行统计,结果表明:Zn 的平均含量为
1 244.6 mg/kg;Cu 的平均含量为 51.25 mg/kg;Cd 的平均含量为2.45 mg/kg;
Pb 的平均含量为 51.5 mg/kg;Ni 的平均含量为 725 mg/kg;Mn 的平均含量为
250.2 mg/kg。Zn 含量的最大值出现在 6 月份,为1 261 mg/kg;Cu 含量的最大
值出现在 4 月份,为 61.2 mg/kg;Cd 含量的最大值出现在 7 月份,为6.9 mg/kg;
Pb 含量的最大值出现在 1 月份,为 5.9 mg/kg;Ni 含量的最大值出现在 1 月份,为
755.4 mg/kg;Mn 含量的最大值出现在 7 月份,为 260.8 mg/kg。

重金属污染主要来自沿线的饭店、医院等,尤其是近年来在该管线两侧
进行的大量拆迁改建工程,这些未经处理的废水、废渣随意排放,造成水体
各项金属指标超标。

## 2.2　城市合流管网降雨过程中的排污特性

### 2.2.1　合流制管网系统初期雨污水水质

合流制排水系统初期雨污水水质见表2.2。

表2.2　初期雨污水水质　　　　　　　　mg/L

| 指标 | 初期雨污水 | |
| --- | --- | --- |
| | 波动范围 | 平均值 |
| $COD_{Cr}$ | 78~989.2 | 543.1 |
| $NH_3$-N | 4.82~16.51 | 11.20 |
| TP | 0.62~6.56 | 2.34 |
| SS | 24~800 | 425 |

### 2.2.2　合流制管网系统降雨前后的初期雨污水水质变化

2010年7月6日至17日连续降雨若干天前后的初期雨污水水质变化如图2.10所示。其中,9日下暴雨,9—14日持续降雨。

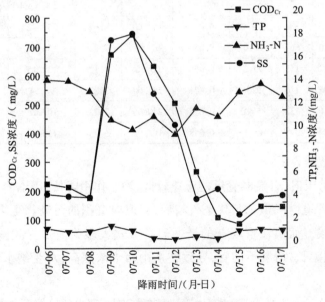

图2.10　初期雨污水水质变化

7月6日至8日晴天,生活污水中 $COD_{Cr}$ 浓度约为200 mg/L,TP浓度约1.98 mg/L,$NH_3$-N浓度约14 mg/L,SS浓度约为182 mg/L。7月9日降雨,初期雨污水中 $COD_{Cr}$ 和TP浓度很高,分别超过600 mg/L和2 mg/L,$COD_{Cr}$ 为晴天污水浓度的3倍左右。由于连续几日降雨,初期雨污水浓度越来越低,到 7 月 14 日降雨末期,$COD_{Cr}$平均浓度仅为 86 mg/L,是晴天时的 1/3,第 1 天降雨时的 1/9;TP 平均浓度仅为 0.68 mg/L,是晴天时的 1/3,第 1 天降雨时的 1/14,SS 平均浓度仅为 28 mg/L,是晴天时的 1/8。

7 月 15 日起,降雨停止,污水浓度又逐渐上升,恢复到正常的晴天污水浓度水平。$NH_3$-N 在降雨初期,浓度与生活污水接近,随着雨水的稀释,浓度逐渐降低,降雨末期仅为 13 mg/L。

同时,对外国语学校到中山桥一段管网采样区域中青云门采样点的雨季 6 场降雨事件进行降雨历时、雨量、降雨酸碱度(pH 值)检测分析,检测结果见表 2.3。

表 2.3　雨季 6 场降雨事件检测结果

| 时间日期 | 降雨历时/min | 降雨量/mm | 平均降雨强度/(mm/min) | 前期晴天数/h | 径流混合样 pH 值 | 径流初期 1.5 h $COD_{Cr}$ 浓度/(mg/L) | 径流初期 1.5 h SS 浓度/(mg/L) |
|---|---|---|---|---|---|---|---|
| 2010 – 07 – 16 | 330 | 27.0 | 0.082 | 182.00 | 6.65 | 257.42 | 509 |
| 2010 – 07 – 20 | 567 | 32.00 | 0.056 | 92.50 | 7.21 | 156.54 | 130 |
| 2010 – 07 – 24 | 155 | 10.23 | 0.066 | 90.50 | 7.12 | 132.15 | 142 |
| 2010 – 08 – 06 | 110 | 2.35 | 0.021 | 288.00 | 7.82 | 96.54 | 428 |
| 2010 – 08 – 16 | 132 | 5.10 | 0.038 | 240.00 | 7.22 | 107.26 | 346 |
| 2010 – 08 – 24 | 228 | 13.15 | 0.058 | 192.00 | 6.95 | 115.50 | 198 |

上述数据表明:

(1)晴天时,合流制管道的流速较低,冲刷作用降低,因而容易造成悬浮固体在管道内沉积。尤其是久晴后,管道内沉积的污染物更多,必须经常清通疏浚。而镇江市现有的清通养护方式大多为人工方式,劳动强度大,清通间隔长,清淤不彻底,导致初期雨污水浓度高,对受纳水体的污染程度大。

(2)对于合流制管道,晴天时污水流量很小,高水位造成污水流速过低,大量污染物沉积在管道中。而当雨天开启溢流泵时,输送的流量增大,管内流速加快,大量沉积的污染物被冲刷排入水体,导致初期雨污水的 $COD_{Cr}$,TP 含量大幅度升高。

## 2.3　不同汇水区域面源污染物随降雨径流的变化

### 2.3.1　降雨监测

2010 年分别选择镇江市城市客厅、江滨新村以及南门夜市等不同区域，进行不同降雨(见表 2.4)后地表径流的水质监测,结果见表 2.5 至表 2.8。

表 2.4　监测 4 场降雨的特征

| 时间日期 | 降雨历时/min | 降雨量/mm | 平均降雨强度/(mm/min) | 前期晴天数/h |
|---|---|---|---|---|
| 2010 − 07 − 03 | 330 | 27.00 | 0.082 | 182.00 |
| 2010 − 07 − 04 | 220 | 4.70 | 0.021 | 6.00 |
| 2010 − 07 − 20 | 155 | 32.00 | 0.056 | 92.50 |
| 2010 − 08 − 16 | 132 | 5.10 | 0.038 | 240.00 |

表 2.5　2010 − 07 − 03 雨天排口水质

| 采样点 | 时间/<br>(min) | $COD_{Cr}$/<br>(mg/L) | $BOD_5$/<br>(mg/L) | SS/<br>(mg/L) | $NH_3\text{-N}$/<br>(mg/L) | TP/<br>(mg/L) | pH | $w_{Pb}$/<br>(mg/kg) |
|---|---|---|---|---|---|---|---|---|
| 城市客厅旁 | 0 | 886 | — | 95 | 6.95 | 0.951 | 7.09 | 0.086 |
| | 5 | 1 010 | — | 264 | 5.70 | 1.150 | 7.04 | 0.154 |
| | 10 | 793 | — | 281 | 7.15 | 0.966 | 6.97 | 0.253 |
| | 15 | 794 | — | 305 | 3.77 | 0.944 | 6.97 | 0.209 |
| | 20 | 692 | — | 156 | 1.43 | 0.930 | 6.92 | 0.294 |
| | 30 | 704 | — | 209 | 2.60 | 0.951 | 6.93 | 0.308 |
| | 60 | 684 | — | 319 | 4.05 | 1.160 | 6.95 | 0.588 |
| 江滨新村 | 0 | 514 | — | 774 | 4.82 | 2.520 | 6.87 | 0.120 |
| | 5 | 832 | — | 798 | 5.33 | 4.130 | 6.91 | 0.374 |
| 南门夜市 | 0 | 1 260 | — | 854 | 9.51 | 5.370 | 7.20 | 0.576 |
| | 10 | 1 400 | — | 836 | 5.01 | 5.520 | 7.50 | 0.590 |
| | 20 | 2 050 | — | 1 250 | 6.18 | 6.250 | 7.80 | 0.649 |
| | 30 | 1 880 | — | 1 020 | 4.56 | 5.810 | 7.10 | 0.551 |
| | 40 | 2 200 | — | 1 250 | 5.14 | 6.920 | 7.40 | 0.622 |

表 2.6　2010 - 07 - 04 雨天排口水质

| 地点 | 时间/<br>(min) | $COD_{Cr}$/<br>(mg/L) | $BOD_5$/<br>(mg/L) | SS/<br>(mg/L) | $NH_3$-N/<br>(mg/L) | TP/<br>(mg/L) | $w_{Pb}$/<br>(mg/kg) |
|---|---|---|---|---|---|---|---|
| 城市客厅旁 | 0 | 143 | — | 82 | 1.780 | 0.283 | 0.044 |
| | 5 | 122 | — | 556 | 3.570 | 1.650 | 0.021 |
| | 10 | 191 | — | 772 | 3.970 | 2.490 | 0.124 |
| | 15 | 124 | — | 880 | 3.700 | 2.390 | 0.061 |
| | 20 | 212 | — | 910 | 4.490 | 3.040 | 0.109 |
| | 30 | 104 | — | 820 | 4.230 | 2.430 | 0.086 |
| | 60 | 81 | — | 1240 | 3.770 | 1.580 | 0.048 |
| | 120 | 32 | — | 141 | 1.190 | 0.297 | 0.014 |
| 江滨新村 | 0 | 62 | — | 722 | 6.700 | 1.550 | 0.042 |
| | 5 | 64 | — | 390 | 6.050 | 2.290 | 0.126 |
| | 10 | 53 | — | 466 | 7.700 | 2.350 | 0.257 |
| | 15 | 69 | — | 168 | 0.715 | 1.130 | 0.173 |
| | 30 | 83 | — | 59 | 0.678 | 1.100 | 0.173 |
| 南门夜市 | 0 | 56 | — | 21 | 0.250 | 0.374 | 0.282 |
| | 10 | 50 | 10.4 | 35 | 0.326 | 0.349 | 0.081 |
| | 20 | 26 | 9.4 | 52 | 0.315 | 0.381 | 0.977 |
| | 30 | 63 | — | 72 | 0.255 | 0.603 | 0.136 |
| | 40 | 116 | 41.1 | 88 | 0.576 | 1.150 | 0.979 |
| | 60 | 60 | 12.5 | 95 | 0.287 | 0.763 | 0.215 |
| | 120 | 132 | 28.7 | 266 | 0.498 | 1.43 | 0.202 |

表 2.7　2010 - 07 - 20 雨天排口水质

| 地点 | 时间/<br>(min) | $COD_{Cr}$/<br>(mg/L) | $BOD_5$/<br>(mg/L) | SS/<br>(mg/L) | $NH_3$-N/<br>(mg/L) | TP/<br>(mg/L) | $w_{Pb}$/<br>(mg/kg) |
|---|---|---|---|---|---|---|---|
| 城市客厅旁 | 0 | 381 | — | 184 | 4.69 | 0.638 | 0.009 |
| | 5 | 64 | — | 121 | 2.08 | 0.373 | 0.047 |
| | 10 | 118 | — | 61 | 2.24 | 0.305 | 0.029 |
| | 15 | 133 | — | 116 | 1.38 | 0.470 | 0.058 |
| | 20 | 107 | — | 192 | 2.03 | 0.388 | 0.032 |
| | 30 | 93 | — | 199 | 1.43 | 0.394 | 0.111 |

| 地点 | 时间/<br>(min) | $COD_{Cr}$/<br>(mg/L) | $BOD_5$/<br>(mg/L) | SS/<br>(mg/L) | $NH_3$-N/<br>(mg/L) | TP/<br>(mg/L) | $w_{Pb}$/<br>(mg/kg) |
|---|---|---|---|---|---|---|---|
| 江滨新村 | 0 | 46 | — | 105 | 1.4 | 0.242 | 0.048 |
| | 5 | 65 | — | 176 | 1.1 | 0.298 | 0.047 |
| | 10 | 72 | — | 145 | 1.07 | 0.279 | 0.105 |
| | 15 | 81 | — | 109 | 1.07 | 0.277 | 0.084 |
| | 20 | 74 | — | 109 | 1.18 | 0.242 | 0.111 |
| | 30 | 46 | — | 47 | 1.15 | 0.228 | 0.113 |
| 南门夜市 | 0 | 506 | 125 | 250 | 1.38 | 2.780 | 0.115 |
| | 5 | 549 | 182 | 312 | 2.14 | 3.400 | 0.109 |
| | 10 | 717 | 242 | 623 | 4.82 | 4.660 | 0.080 |
| | 15 | 893 | 313 | 416 | 3.57 | 5.10 | 0.109 |

表 2.8　2010 – 08 – 16 雨天排口水质

| 地点 | 时间/<br>(min) | $COD_{Cr}$/<br>(mg/L) | $BOD_5$/<br>(mg/L) | SS/<br>(mg/L) | $NH_3$-N/<br>(mg/L) | TP/<br>(mg/L) | $w_{Pb}$/<br>(mg/kg) |
|---|---|---|---|---|---|---|---|
| 城市客厅旁 | 0 | 13 | — | 16 | 0.517 | 0.139 | 0.088 |
| | 5 | 32 | — | 25 | 0.488 | 0.139 | 0.061 |
| | 10 | 32 | — | 32 | 0.494 | 0.283 | 0.182 |
| | 15 | 20 | — | 9 | 0.618 | 0.283 | 0.084 |
| | 20 | 40 | — | 14 | 0.871 | 0.442 | 0.006 |
| | 30 | 21 | — | 15 | 0.243 | 0.362 | 0.022 |
| | 60 | 53 | — | 10 | 0.303 | 0.419 | 0.183 |
| 江滨新村 | 0 | 31 | — | 86 | 0.486 | 0.271 | 0.119 |
| | 5 | 15 | — | 84 | 0.438 | 0.265 | 0.106 |
| | 10 | 33 | — | 72 | 0.364 | 0.231 | 0.298 |
| | 15 | 58 | — | 88 | 1.210 | 0.305 | 0.218 |
| 南门夜市 | 0 | 487 | 210 | 353 | 1.160 | 2.940 | 0.116 |
| | 5 | 245 | 110 | 285 | 0.845 | 1.460 | 0.135 |
| | 10 | 153 | — | 80 | 0.697 | 0.483 | 0.193 |
| | 15 | 125 | — | 25 | 1.090 | 0.557 | 0.052 |
| | 20 | 90 | 26.6 | 36 | 0.702 | 1.370 | 0.105 |
| | 25 | 81 | 23.5 | 26 | 0.882 | 2.530 | 0.118 |

### 2.3.2　同一场次降雨地表径流水质变化规律

1. 同一区域地表径流水质变化规律

图 2.11 所示为同一功能区域降雨过程中水质参数随降雨历时的变化。由图可知,城市客厅、江滨新村这两个区域,降雨径流形成后 COD,SS,TP 的浓度在 5~15 min 内迅速上升并出现峰值,随后出现下降趋势,这一定程度上反映了初始冲刷现象。城市客厅 NH₃-N 浓度在 15 min 内出现峰值点后迅速下降至最低点,伴随二次冲刷,其浓度回升后趋于稳定。相对于前两个区域,南门夜市 COD,SS,TP 浓度的峰值点来得晚一些(20 min 左右),并且各个指标呈锯齿形变化,初始冲刷现象不明显。这是由于南门夜市雨天人流相对不稳定和不集中。

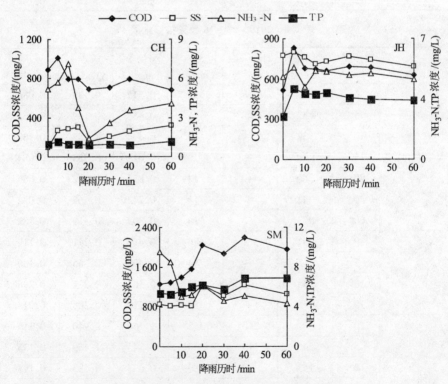

**图 2.11　老城区典型区域地表径流污染物浓度随降雨历时的变化(2010 - 07 - 03)**

注: CH 表示城市客厅;JH 表示江滨新村;SM 表示南门夜市。

## 2. 不同区域地表径流水质变化规律

城市降雨径流含有大量的营养盐,污染物除了受到交通、人流以及施工等不确定因素的影响外,土地功能类型不同也可能导致污染物对排水管网污染输出贡献的差异。2010 年 7 月 3 日这场降雨可阐述水质参数随径流历时变化规律和不同土地类型的污染物输出差异情况,如图 2.12 所示。

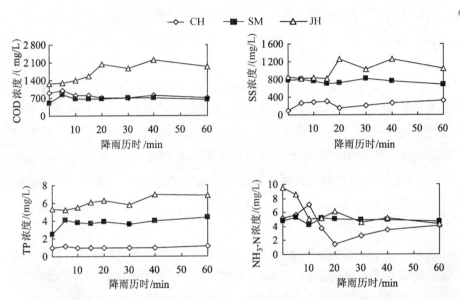

图 2.12　老城区典型区域地表污染物随降雨历时变化(2010 − 07 − 03)

由图 2.12 可以看出,降雨时径流中污染物随降雨历时发生明显变化,初期径流污染严重,其中,有机污染及悬浮固体污染严重,成为管网雨天污染的主要污染源。随着降雨历时的延长,污染物浓度呈波浪形锯齿状下降趋势,并最终趋于稳定,个别指标变化曲线有起伏。污染物除了 TP 外,NH$_3$-N,SS,COD 都超过地表水环境质量标准 V 类水体标准值。

图 2.12 中,南门夜市径流初期 COD,SS,TP 浓度随降雨历时延长 20 min 达到第一次峰值后,随降雨历时 30 min 达到第二次峰值点后趋于稳定。而 NH$_3$-N 浓度降雨初期即达到最大值,10 min 降到最低后稳定,这可能与降雨强度有关。江滨新村 COD,SS,TP 浓度在 5 min 后达到峰值点后立刻趋于稳定,NH$_3$-N 浓度在 5 min 后达到峰值点随后短暂下降,20 min 后出现第二次峰值,后随降雨历时下降并趋于稳定。城市客厅 COD,TP,NH$_3$-N 浓度均在

5 min后出现峰值,随后下降,SS浓度在5 min后达到峰值并稳定至15 min后下降,20 min后浓度反常回升,这可能是由外界污染源突然释放所致。

　　总之,晴时地面上积累的大量污染物,在降雨初期被雨水冲刷汇聚于径流,随着降雨历时的延长,地面累积的污染物在降雨的冲刷下被径流迅速带走,从而使污染物浓度大幅度降低。

　　从图2.12中还可以看出,各个区域的污染浓度南门夜市最为严重,其次是江滨新村,这除了受车流量、下垫面及污染物排放状况等影响外,南门夜市作为主要商业繁华区域(设点摆摊),人流量集中,店铺较多,餐饮后食物的残渣以及洗涮用水倒于路面或者集水井旁,周围环境较差,径流水样明显比其他区域混浊,且径流中污染物较多地吸附于颗粒物上。当SS的负荷增大时,各种污染物的负荷也随之增大,地表径流中各污染指标升高。江滨新村居民生活中使用的含磷物质以及花草肥料会进入径流,机动车辆的排放物、大气的干湿沉降和对路面植被的施肥也会造成雨水径流污染增加。城市客厅径流中氮指标高,这与大气干湿沉降有关,同时也与车辆的排放物和过渡带植物的施肥有关。

　　尽管三个区域径流中氮和磷的浓度低于城市污水,但远高于Ⅴ类水标准。镇江年平均降雨量1 070 mm,径流大部分经管网或直接排入河流,这必将对水体造成严重污染。因此,镇江市要治理氮、磷污染,控制商业区地表径流污染是关键。

### 2.3.3　不同场次降雨事件对污染物输出的影响

　　城市地表径流水质特征取决于累积和冲刷两个过程。具体而言,土地利用、街道清扫情况、干期长度及大气干湿沉降等会影响降雨地表径流中污染物的浓度。

　　一般来说,相邻两场降雨的间隔时间越长,累积的污染物量越大;降雨强度增大,雨水对地面的冲刷能力也增强。本节以城市客厅这个区域为例研究不同场次降雨对污染物输出的影响。

　　从表2.4中可以看出,2010年8月16日的干期长度最长,其次是2010年7月20日,干期最短是2010年7月3日。从降雨强度来看,2010年7月3日降雨最强,其次是2010年7月20日和2010年8月16日,降雨强度最小的是2010年7

月 4 日。4 场降雨都达到大雨标准(≥0.017 mm/min),2010 年 7 月 3 日、2010 年
7 月 20 日、2010 年 8 月 16 日降雨达到暴雨级别(≥0.034 7 mm/min)。

图 2.13 为镇江市老城区典型区域不同降雨事件地表污染物随降雨历时
的变化。从图中可以看出,不同污染物均呈现一定的冲刷现象,不同场次降
雨在 5 ~ 20 min 内出现峰值点,SS 甚至出现二次冲刷现象。同时可以看出,
水质指标 COD,$NH_3$-N 浓度与降雨前期的干期长度相关。具体表现如下:
COD 浓度由大到小的日期依次为 2010 年 7 月 3 日、2010 年 7 月 20 日、2010
年 7 月 4 日;SS 浓度由大到小的日期依次为 2010 年 7 月 3 日、2010 年 7 月
20 日;冲刷时间、降雨历时同样可以影响水质参数浓度,比如 SS 浓度 2010
年 7 月 4 日高于 2010 年 7 月 3 日。

尽管 2010 年 7 月 20 日降雨干期长度小于 2010 年 8 月 16 日,但前者的
降雨强度是后者的 1.5 倍。这是造成图 2.13 中 2010 年 7 月 3 日以及 2010
年 7 月 20 日污染物浓度比 2010 年 8 月 16 日高的主要原因之一。这表明干
期长度与降雨强度是影响城市地表径流水质的重要因素。这与 Yaziz M I 等
的研究结果相似。

另外,$NH_3$-N 浓度变化幅度差异较大,这可以反映出干期的累积和降雨
冲刷以外的因素对地表径流污染物输出的影响。

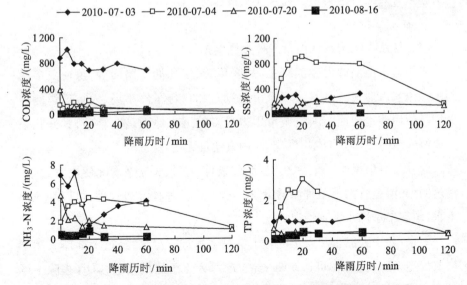

**图 2.13　老城区典型区域不同降雨事件地表污染物随降雨历时的变化**

# 第 3 章

# 合流管网溢流污染控制原理

## 3.1 溢流污染控制技术进展

### 3.1.1 城市合流管网溢流污染控制措施现状

城市溢流污染的控制措施可以分为非技术性措施和技术性措施。

1. 非技术性措施

控制空气污染,改善空气质量;加强卫生管理力度,保持城市路面的清洁,减少垃圾散落;禁止向雨水口倾倒污物;增加植物覆盖率,避免水土流失;制定环保屋面材料使用、更换法律法规和严格的道路清洁管理条令。这些措施可有效减少污染物质进入合流制管网。

2. 技术性措施

(1) 使用人工透水地面及多种渗透设施

使用透水地面如无砂混凝土砖、嵌草砖、多孔沥青路面等,可使更多的雨水径流渗入地下。目前许多城市的汽车和自行车停车场、人行道边侧等处均已使用透水地面。国内城市用得最多的透水地面是嵌草砖,其开孔率达20%~30%,市场有成品供应,使用方便且无堵塞问题。

此外还可根据实际土壤性质、地质条件、地下水位等情况使用渗透池、渗透明渠、渗透管沟等多种渗透设施。雨水通过各种渗透处理,可以补充地下水,缓解旱季用水紧张情况。

效果:利用天然土和人工配置土壤对雨水进行渗透,经过1 m厚天然土层的渗透,COD去除率可达60%;经1 m厚人工土层的渗透,COD去除率可达70%~80%。即雨水径流通过天然绿地或人工渗透装置的渗透可达到较好的水质。

（2）加大绿地面积并合理布置绿地相对高程

绿地是一种有效且简单的径流入渗设施，对于小区径流系数的控制起着关键的作用。只有合理确定绿地相对高程，才能达到充分利用其储蓄、渗透作用的目的。

效果：草坪低于周围路面高程 $0.1 \sim 0.2$ m，其入渗量是草坪高于或平于路面时入渗量的 $3 \sim 4$ 倍。绿地对径流污染物 $COD_{Cr}$，$NH_3$-N 和 TP 的平均去除率分别达到 44.4%，56.6% 和 42.3%。

（3）使用低污染的屋面防水新材料

新建筑物使用板式或瓦屋面，并使用环保型涂料，对已有的沥青油毡平屋顶推广平改坡工程，可以大大控制屋面雨水径流污染。

效果：北京城区油毡屋面每场降雨 COD 平均负荷约 2 000 mg/m$^2$，道路 COD 污染负荷为 2 000 ~ 3 000 mg/m$^2$，SS 污染负荷为 2 000 ~ 7 000 mg/m$^2$，通过使用低污染的屋面防水新材料，大大减少了这部分污染物的总量。

（4）设置初期雨水调蓄池

在 2.3 节中已提及，初期雨水污染较重，中期和后期雨水径流较清洁，因此通过设置初期雨水调蓄池可以减少初期雨水污染。

效果：设置初期雨水调蓄池可大幅度减少屋面 2 ~ 3 mm 和路面 10 mm 左右的初期径流污染物的传输。

（5）人工湿地系统

人工湿地是一种高效的控制雨水径流污染的措施，它可以同化入流中大量的悬浮物或溶解态物质。

效果：不仅去污效果好，而且还能实现与周围景观相协调的目的。但是需要及时清理沟渠，维护系统正常运行。

（6）雨水回用

雨水回用是指收集一定量的雨水径流，通过简单的处理使其达到可以回用于绿化浇灌水、车辆冲洗水、循环冷却水、非接触风景景观用水等水质标准。雨水一般通过系统建筑物顶部收集，根据其用途进行集中处理，用于对水质要求不高的一些场合。

效果：减少雨水资源的流失和对水体的污染，缓解用水紧张状况。

（7）雨水口污染控制

① 雨水口的管理。截断污染源是雨水口污染控制最有效的方法。应制定严格的法规,禁止任何人向雨水口内倾倒垃圾和污水,对违反者给予严重的处罚。每年雨季来临前,必须对积累在雨水口的杂废物进行统一清理,雨季时清洁工人要及时把污染物清理出去。

② 雨水口截污挂篮。

③ 水质型雨水口。水质型雨水口也称作沉淀或油类分离器,可在雨水进入排水管道之前,就将道路径流中的沉积物和油类去除。这些雨水口一般设计为多格状,以截流沉积物。

3. 其他控制措施

（1）增大截流倍数 $n_0$

$n_0$ 的确定直接影响工程规模和环境效益。增大 $n_0$,管道截流的污水量增加,CSO 量减小。当 $n_0$ 增大到一定程度时,就不会发生管道溢流,这样就把 CSO 对受纳水体的污染降到最低。$n_0$ 的选择要综合考虑水文、环境和经济因素,从而找到适合具体城市的最优截流倍数。

（2）沉淀池

沉淀池的作用是在重力作用下去除污水中悬浮固体的可去除部分,它是污水处理中常采用的一种设施。目前国外用于合流制排水系统污水溢流处理的装置主要有 ACTIFLO,Infilco,DENSADEG 和 Lemalla Plate 等。

效果:沉淀池对 SS,COD 和 TP 的去除率分别可达 80%,75% 和 85%。

优点:出水水质好,管理简便,适用范围广。

缺点:占地面积大;处理水质易波动,由于 CSO 的水量、水质变化很大,会影响沉淀池效果,需要设置斜板和挡板,通过调整它们来提高沉淀效果和出水水质。

（3）旋流分离器

旋流分离器是一种分离非均相混合物的设备。当雨污混合污水以一定的压力从旋流器上部周边切向进入分离器后,产生强烈的旋转运动,由于固液两相之间的密度差,较重的固体颗粒经旋流分离器底流口排出,而大部分清液则经过溢流口排出,从而实现分离部分污染物的目的。

效果:适用去除的颗粒物沉降速度为 3.6 m/h,即粒径在 100~200 μm;

其对 SS 的去除率达 60% 以上,对 COD 的去除率达 15% 以上。

优点:分离效率高、装置紧凑、操作简单、维修方便、占地面积少、成本低(每台售价在 2 000 元左右)。

缺点:性能易受多种因素影响,溢流管和沉砂嘴易磨损,需要定期更换。

### 3.1.2　城市合流管网溢流污染控制技术进展

#### 1. 国外合流管网溢流污染控制技术进展

随着社会的发展,国外许多城市不再一味地将已有合流制排水系统改造为分流制,而是因地制宜地不断完善城市排水系统、加强雨水资源的合理利用与管理,强调对雨水径流及合流管网系统溢流污染的控制,并取得了显著的成果。有资料表明,欧美国家采用分流制的趋势已减弱,采用新型合流制的趋势增强,一些设计手册甚至建议优先采用合流制。

美国从 20 世纪 60 年代开始重视对雨水径流和合流制溢流(CSO)污染控制的研究。其对 600 多个城市排水系统的调查结果表明:将直排式合流制改造为截流式合流制与将合流制改造为分流制的投资比为 1:3。1972 年《清洁水法》通过后,美国环保局、各州和地方水污染控制机构采取相应措施减少排水管道污水的溢流量,同时对雨污混合污水在溢流时进行调节、处理及处置,使之溢流后对水体水质的影响在控制目标内。1983 年美国针对雨水径流污染开发出各种技术性和非技术性措施,如城市雨水污染的评价与监测、科学管理城市雨水资源和控制雨水径流污染的 BMP 模式、水土流失的控制、雨水渗透和人流控制、CSO 及雨水处理技术等。1987 年美国政府修订了《水质法》以控制非点源污染,美国环保局开始有效地依法参与城市雨水径流的管理。1994 年,EPA(Environmental Protection Ayency)颁布 CSO 控制法规。1995 年,EPA 发布 CSO 长期控制规划指南(Combined Sewer Overflow-Guidance for Long-Term Control Plan)、CSO 九项技术控制指南(Combined Sewer Overflow-Guidance for Nine Minimum Controls)。美国 1999 年的《城市非点源污染国家管理办法》中规定,必须采取措施控制径流污染。2001 年美国环保总局提出了实施绿色措施协议,其中强调在 CSO 污染控制过程中要尽量采取一些暴雨管理的绿色措施。

以德国为代表的欧洲国家于 20 世纪 80 年代开始重视城市雨水径流污染

的控制,并将重点放在控制源头污染、削减城市雨水径流量和其他雨水径流污染控制的技术性和非技术性措施上。在排水系统的上游各子流域内,将雨水就地渗入地下,或延长雨水排放时间,或将其暂时蓄存,以达到削峰、减流、净化雨水径流、补充地下水的目的;其工程设施有渗塘、地下渗渠、地表透水铺面、屋面或停车场的受控雨水排放口以及各种"干""湿"池塘或小型水库等。近年来,欧洲城市雨水径流管理新系统的研究主要集中在补充地下水、净化地表径流的可渗性雨水排放系统方面。例如,西欧国家以及美国一些州要求新土地开发规划时,必须将开发所引起的超出原天然状态的径流量部分或全部就地渗入地下。1998 年统计表明资料,德国共拥有雨水池31 044座,总容积达到 $3\ 314 \times 10^4\ m^3$,平均为 $0.404\ m^3/$人。2002 年德国已拥有 38 000 座雨水池,其中溢流截流池为 24 000 座,雨水截流池为 12 000 座,雨水净化池为 2 000 座,总容积达到 $0.4 \times 10^8\ m^3$,平均每座污水厂拥有近 4 座雨水池。

在对待合流制溢流的问题上,瑞典和德国是两个典型的倾向于利用雨水池来控制溢流污染的国家。因为分流制排水体系耗资巨大,若将合流制改造为分流制则影响范围大、耗时长,技术上又不足以有效防止城市雨水径流对水体的继续污染。瑞典在 20 世纪 80 年代初就放弃了市政管网雨污分流的思想,而是采用修建雨水入渗和雨水渗透设施来减缓暴雨径流的污染,实行源头控制。在该时期内,仅住户就修建渗透设施 14 000 余个。

加拿大也一直在研究 CSO 污染的控制方法,多伦多市 1950 年前建成的许多区域都采用合流制管道系统,平均每年要发生 50～60 次的合流制管道溢流。该市在 20 世纪 90 年代就制定了 CSO 污染控制 25 年计划,为 CSO 污染提供解决方案,其中一个重要的组成部分是唤起民众对这个问题的重视,也就是在某些基础项目中鼓励市民参与。这个计划的总投资约为 10.47 亿美元,平均每年的运行维护费用约为 160 万美元。2003 年多伦多市政府制定了雨季溢流管理总体规划,目的是减少并最终消除雨季溢流的各种影响。2005 年多伦多市制定了 CSO 污染控制计划,并于 2006 年成立了一些环境评估小组,负责监控这些计划的实施情况。

日本的多数大城市保留了合流制。全日本使用合流制的城市共 192 座,服务人口约为全国总人口的 20%。东京 23 个行政区中 82% 应用的是合流制。日本合流制的溢流污染问题也非常突出,因此专门成立了合流管道系统顾问委员会来研究 CSO 污染的控制问题。他们主要在以下领域开展 CSO 污染控制研究：① 格栅；② 高效过滤；③ 沉淀和分离；④ 检测仪器和控制方法。他们提出了 24 种相关技术并已应用于 13 座城市。针对 CSO 污染的情况，东京制定了合流制排水系统的环境目标改善方案，其基本思路是：① 削减污染负荷量；② 确保公共卫生；③ 清除漂浮物。各地区根据各自的环境要求设定相应的环境目标。东京选定了雨水贮留设施和渗透设施方案。此外，日本还开展了对城市雨水利用与管理的研究，提出"雨水抑制型下水道"并纳入国家下水道推进计划，同时制定了相应政策。1992 年日本政府颁布了"第二代城市下水总体规划"，正式将雨水渗沟、渗塘及透水地面作为城市总体规划的组成部分。21 世纪初又决定在东京建造大深度地下河道，将雨水有计划地贮存起来，以减小洪峰流量，并作为中水水源。

但截流式合流制排水系统因与城市的发展密切相关，因而它是迄今国内外现有排水体制中应用最多的一种。德国、英国、法国、日本的合流制排水管道占排水管道总长的 70% 左右，丹麦的合流制排水管道约占 45%。此外，德国科隆市的合流制排水管道所占比例高达 94%，日本东京的合流制排水管道所占比例也达到了 90% 以上。

2. 国内合流管网溢流污染控制技术进展

我国在城市排水方面一直偏重于污水处理技术的研究，对城市排水体制方面的关注极少。城市排水管网领域的现代科学理论和技术已大大落后，与先进的城市污水处理理论与技术形成了强烈反差。在对待城市排水体制和雨水径流污染问题上，我国还停留在"单纯排放"的思维上，简单地倾向于靠分流制来解决溢流污染的控制，而忽视了雨水资源的保护利用与城市生态的关系。

实际上，城市溢流污染的控制若仅由分流制排水系统来解决，则存在较多的隐患。我国的新建城市（区）如深圳市、上海浦东、大连开发区等都采用了分流制排水系统，由于设计、施工和管理方面的原因，在这些新建城市（区）中，并没有真正实现完全分流制所期望的目标，也没有将服务流域内的污水全部收集到污水处理厂。另外，北京、天津、昆明等城市也规划将合流制排水系统全部改造成分流制排水系统。北京已有 2/3 的排水系统改为分流制。虽然最近几年在溢流污染治理、河湖水系生态保护方面加大了治理力度，但部分河湖在降雨后仍有严重的"水华"现象发生，部分河段、湖泊的富营养化程度依然严重,这主要是由非点源污染造成的。分流制排水系统使污染严重的初期雨水和部分小雨都直接排入水体,在降低合流制溢流污染的同时却加剧了非点源污染的程度。

近年来,我国一些学者开始关注和研究城市雨水径流的污染和雨水资源的保护与利用,20 世纪 80 年代初对北京市雨水径流非点源污染进行了研究,此后其他一些城市也相继开展过相关研究,但由于点源污染一直矛盾突出,故对城市径流污染未予以足够重视。随着非点源污染矛盾的加剧,水污染控制的力度也在加大,城市径流污染开始引起越来越多的重视。1998 年车伍等开始对城市雨水径流污染控制和雨水资源利用进行系统研究,不仅分析了径流污染指标及变化范围,而且对污染物的冲刷输送规律、主要影响因素、污染物负荷和控制对策等也进行了研究。城市雨水利用工程也在系统研究的基础上开始了全面的工程实施和推广应用。虽然非点源污染(主要指雨水径流污染)在我国已逐渐引起了重视,在降雨径流水质特性、雨水处理技术、径流污染防治等方面也有了不少成果,但从整个排水体制系统来探讨非点源污染控制还有欠缺。

排水体制的合理选择不仅关系到城市雨污水的收集排放、排水系统的适用性和经济效益等问题,而且更重要的是能否满足水资源和环境保护的要求,能否有效实现城市点源污染和非点源污染总量的控制,以及能否符合城市生态和可持续发展的要求。

## 3.2　合流管网系统动力学分析

按照截流式合流制排水系统的基本结构,可以将系统分为 5 个子系统。

### 3.2.1　污染源产生子系统

污染源产生子系统(见图 3.1)考虑了污水流量及污水污染源的产生两个方面。城市水污染源的产生一般来自于两个部分:点源污染和非点源污染。点源污染是由各集水区所产生的居民生活污水、公共建筑污水及工业污水所造成的污染,非点源污染是指平时的地表径流及降雨时产生的降雨径流所带来的污染。这里以综合污水的产生及地表径流的产生来代表城市点源污染与非点源污染的产生。

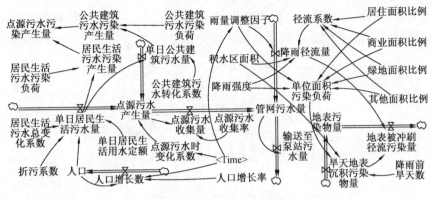

图 3.1　污染源产生子系统

## 3.2.2　收集运输子系统

　　管道埋于地下,污水在输送过程中会发生地下水渗漏,改变管道内的水质及水量,而收集运输子系统(见图 3.2)可考察污水水量及水质在管道中的变化。管道的破损漏水时常发生,同样会对管道内的水质、水量造成影响。管道中流动污水所含的污染量可以分为 3 个部分:点源污水所含污染量、地表径流冲刷地面污染量和污水冲刷管道沉积物产生的污染量。

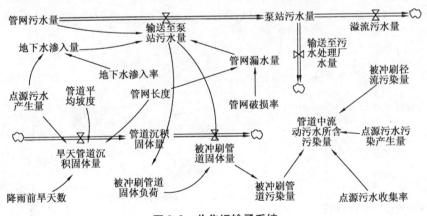

图 3.2　收集运输子系统

## 3.2.3　污水处理子系统

　　污水处理子系统(见图 3.3)只考虑污水在污水处理厂中的处理效果,可以从现有资料中得出污水处理厂的处理效率,即污染去除率。污水进入污水处理厂后进厂水量与出厂水量保持守恒,但是污水中的污染物却在污水处理过程中得到去除,使得水质达到排放标准。

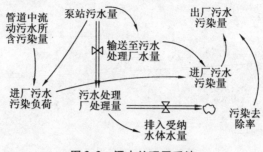

图3.3　污水处理子系统

### 3.2.4　污水溢流子系统

污水溢流子系统(见图3.4)是针对降雨过程产生的溢流污染设置的。在旱天,所有收集的污水基本都可以送至污水处理厂处理,但是降雨量突然增大时,流入排水管网的合流污水可能超出排水管网及污水处理厂的处理能力,加上管网输运能力的限制,只得将合流污水沿河道溢流,以减轻污水处理厂压力。溢流过程排放的污水量是由截流倍数确定的。

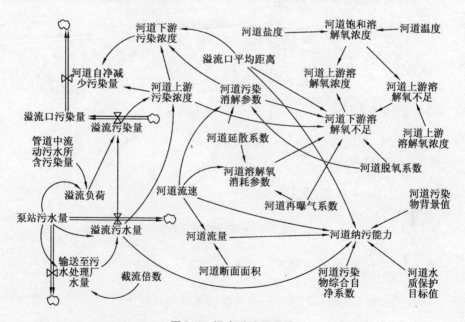

图3.4　污水溢流子系统

溢流污水进入河道内后,污染物通过水体自净作用会消解一部分,因此下游 BOD 浓度会降低,而 DO 的浓度会因 BOD 浓度降低而降低。此处利用水质模型来模拟河道中 BOD 与 DO 的浓度变化,通过河道纳污能力与自净作用的比较,可以看出溢流污染对河道水体的影响。

### 3.2.5　受纳水体子系统

受纳水体子系统(见图 3.5)是模拟污水处理厂出水到排至受纳水体的过程,此部分与溢流污水到河道部分相似。由于处理出水的污染量较小,对受纳水体的影响较小,所以只考虑污染的降解过程,不再模拟溶解氧的消耗过程。

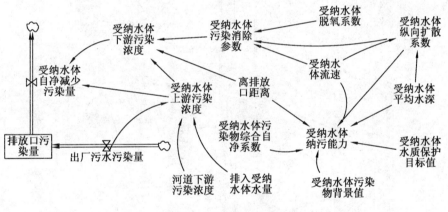

**图 3.5　受纳水体子系统**

### 3.2.6　合流管网系统动力学模型

为进一步分析合流排水系统中各个变量间的量变关系,对上述各主要变量及其控制因素进行总结、分类,建立了合流管网系统动力学流图(见图 3.6)。

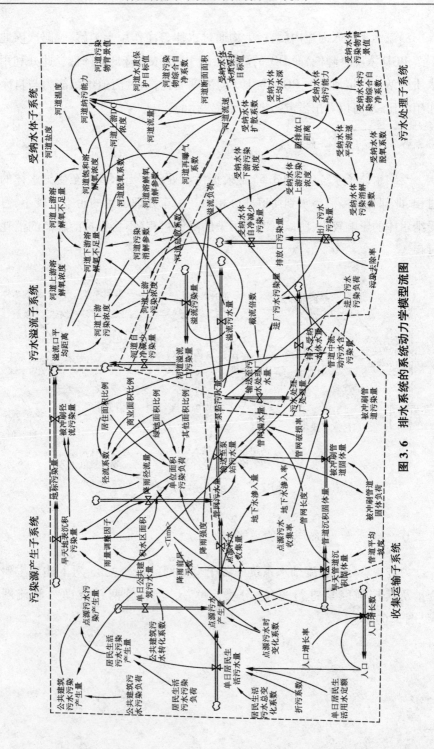

图 3.6　排水系统的系统动力学模型流图

上述5个子系统通过能量、物质的输入和输出相互影响和相互制约,相互作用,互为因果,具有多重反馈关系,共同构成排水管网系统动力学模型的基础。

# 3.3　源-流-汇全流程控污原理

## 3.3.1　源-流-汇全流程控污理论

合流管网溢流过程涉及整个集水区域,故围绕溢流污染控制的最佳途径是实施全流域综合控制,空间上从源-流-汇进行逐级控制。

从合流管网系统溢流污染产生和发展的特征看,不同的管网类型和不同的汇水区域(受纳水体)需要制定不同的控制目标。分析溢流成因后,针对不同城市合流管网特点和溢流受纳水体环境特征,技术研发要根据管网特征,充分利用现有条件,并考虑该地区将来的发展。在合流管网溢流污染控制工程建设过程中,应注重"预防"、"治理"与"经营"相结合,建立符合市场经济规律的运行模式。因此,在溢流污染控制工程建设框架中,需要构建不同的技术控制单元,实现逐级设置的目标,从而达到目标效益的最大化。

本书在多年实践的基础上,针对我国中小城市合流管网溢流污染产生和发展特点,以及我国当前城市发展模式,提出了基于"源头减污-过程控污-末端治污"的模式,并以此指导了镇江市溢流污染控制工程的实践。

"源头减污-过程控污-末端治污"模式,即在溢流污染控制工程建设过程中,以实现受纳水体环境保护、管网污染控制以及改造工程可持续发展为目标,从污染物产生的源头开展污染物的减量化工程,在污染物迁移过程中开展污染物的拦截与阻断工程,并对溢流污染物进行深度的处理与再净化,最终实现合流管网系统污染物的最小化排放(即送入污水处理厂的污染物最大化),实现合流管网系统污染物减排能力的提高和系统的稳定转换。

## 3.3.2　源-流-汇综合调控技术

### 1. 源头减污

溢流污染的源头主要包括:① 住宅区生活污水的排放;② 工业区生活污水以及达标排入城市下水道的工业废水;③ 固体废弃物及生活垃圾的随

意堆放,降雨时产生的径流污染;④ 道路、庭院陆地等在降雨时产生的地表径流。通过减少对这4 种溢流污染物质的来源输入量(一般包括生活污水的有效调控;减少生活用水水量或者实施循环用水;减少固废和垃圾的露天堆放或进行无害化处置;减少硬化地面或软化地面及加强径流拦蓄等),实现溢流污染物质产生量的最小化。

2. 过程控污

在"源头减污"的基础之上,或者对于那些源头上无法减量的污染物质(如无法减少生活污水量或工业废水量)或场所,在溢流污染物质迁移的过程中,利用拦截、阻断、调蓄、错时分流、分质截留等技术,阻碍污染物质的迁移或延长污染物质的迁移路径,从而实现污染物质迁移与扩散量的最小化。在可能的情况下,利用城市绿地或路面下渗等系统内部自我消纳的能力,将合流管网系统内部的部分或者全部的"有用"污染物质进行再利用,实现固体废弃物的资源化利用。拦截和阻断溢流污染物质迁移和扩散的技术一般采用构建缓冲带(如生态沟渠或者人工生态系统)等措施直接拦截和阻断,或者利用路面下渗系统,增加溢流污染物在合流管网系统中的循环过程,间接地延长污染物质在系统内部的使用频度,这相当于减少了污染物质向系统之外输出。针对固体废弃物、垃圾等溢流污染物质,除了在源头上减少其产生量外,在"拦截"技术上一般对这些物质进行收集、填埋等处理,从而延长其在系统内部的反应过程,达到输出量最小化的目的。

"过程控污"更深层次的意义在于,对于一些难以有效物理拦截的溢流污染物质进行深度处理与净化。在溢流污染物中,COD、氮、磷的含量通常相对较高,并且具有易溶于水、易迁移、形态多变等特点,需要建设额外的控制工程进行深度处理与净化。这类工程一般包括三大类:管内污染强化生物净化系统、调蓄处理一体化净化系统和物化组合系统。通过这些工程的物理、化学和生物的联合作用,可使合流管网系统中氮、磷等难减量化的溢流污染物质从系统内最大化地除去。

3. 末端治污

末端治污包括两部分内容:一是管网系统末端的污染物深度净化系统,主要包括构建溢流口生物、生态、物化净化措施,进一步控制排入水体的污染物质;二是在溢流污染物质最大化去除之后,对整个受纳水体系统进行重新审视与修复,实现合流管网系统内受纳水体系统的健康、良性发展,主要包括重建受纳水体系统的水生生态,使之成为新的生态系统中的主要初级生产者和重要生物的生境建造者、营养吸收转化的驱动者和悬浮物质沉降的促进者,重建基本的生态系统(生产者-消费者-分解者)结构,使之形成具有循环功能的食物网关系。在形成生态系统基本结构的基础上,以生态工程措施恢复和提高系统的生物多样性,使之渐趋稳定,最终实现受纳水体系统自我修复能力的提高和自我净化能力的强化,由损伤状态向健康稳定状态转化。

### 3.3.3 源-流-汇综合调控模式

在"源头减污-过程控污-末端治污"模式中,源头减污、过程控污和末端治污三者的关系是交错式的,通过实施其中一项或几项措施,即可达到污染物减排的目的,但只有这三种技术措施全部实施,才能实现污染物的最小化排放,亦即实现合流管网系统的"清洁生产"。通过以上三级措施的实施,可从本质上提高和优化整个合流管网系统的结构和功能,实现溢流污染物质的最小量输出和"有害"物质的最大化利用,并建立具有消纳溢流污染物质的健康合流管网系统。

加强合流管网雨污水的源头处置,减量、就地促渗、截流和削减雨水径流污染负荷,建议利用下垫面促渗处理,它可广泛用于植草沟、湖、渠边的绿地中。

#### 1. 源控制模式

一般地,源头控制采用的单元技术有污水减量、原位净化、雨水弃流、促渗、过滤、储存、喷灌、回用等,将这些技术进行有机整合,可形成雨水径流污染源头控制的系统方案。源区径流通过入渗来解决或基本解决是城市暴雨径流污染治理的最佳措施。

源头控制采用的主要模式是生态型小区。生态型小区强调对径流污染的控制、削减与延缓径流、雨水回用和产生新的水景。由于镇江市降雨频繁,所以屋面污染物累积的周期短,相对于其他降雨量少的城市,屋面径流污染较轻,故建设生态型小区的负荷较轻。

#### 2. 流控制模式

在迁移途径上应充分利用分质截留技术、旋流沉砂技术和错时分流技术。水质指标主要是以 TSS 年总削减量来表示的。一般来说,对某一城市地区,如果能将暴雨径流中的 TSS 总量削减80%,就完全可以达到控制雨水径流污染的目标。

镇江老城区规划的新型排水系统就是运用错时分流和分质截流相结合的模式,对道路雨水径流污染进行控制的。

3. 汇控制模式

汇控制,也就是汇水流域末端控制,是整个"源-流-汇"模式中最后的处理环节。在老城区的改造建设中,应大力保护和恢复城市水环境的自然生态,推行自然生态型河道建设的先进理念,恢复河道的原有生态结构,为生物营造多样的、丰富的环境条件,提供更多的生存空间;不断扩大城市水面和绿地,形成简洁自然的城市河流景观。

生态减速降污与高速大通量净化系统耦合是污水处理与资源利用的完美结合,可在水体边的绿线控制范围内结合绿化景观等开敞空间统筹布置,它构建了一个完整的生态系统和一个良好的内部良性循环系统,能产生较大的生态效益、社会效益和经济效益,具有极其广阔的应用前景,非常适合我国的国情。降污床和大通量净化系统相结合,可发挥两者的优势,提高系统运行的稳定性和出水的水质。降污床作为前处理可去除污水中50%以上的悬浮物和一部分 COD,BOD,降低了大通量净化系统的污染物负荷率。大通量净化系统则避免了堵塞,提高了去除污染物的能力。

生态减速降污床用于处理低污染负荷的溢流污水,对有机污染物去除效率较高,脱氮除磷效果明显,这是因为在低负荷情况下生态系统的需氧量与外界供氧量相当。国内外研究表明,雨水径流中除 SS 和重金属外,大部分污染物指标值均低于生活污水污染物指标值,所以生态减速降污床很适合用于处理城市雨水径流。另外,城市雨水径流具有突发性,而降污床的运行方式为不连续运行,即干湿交替运行,这有助于其自我调整功能的恢复和寿命的延长,进一步提高污染物的去除效果。

生态减速降污与高速大通量净化系统的组合,是在最初的土壤净化组合上进行了变形与改进,以提高景观效果和处理效率。它们按先后顺序组合成一体化系统,充分发挥了两者的优势,期望在氮的有效去除方面实现一定的突破。

# 3.4　基于"清洁生产"原理的合流管网溢流污染控制

## 3.4.1　排水系统清洁生产的定义和内容

### 1. 排水系统清洁生产的定义

排水系统清洁生产,概括地说就是在污水的收集、输送、处理和排放过程中改变已有的粗放工艺,通过一定的新方法、新工艺和一些必要的设施,将污水以及生产过程中排放的废物减量化、低碳化、资源化和无害化,同时实现对城市环境和人类的一种保护。

排水系统清洁生产主要体现在以下几个方面:① 尽量用低污染、无污染的材料代替有毒有害的原材料;② 采用清洁高效的排水工艺,使污水高效地转化成达标的清洁水,减少有害于环境的废物排放;③ 对生产过程中排放的废物实行再利用,做到变废为宝、化害为利;④ 在清洁生产过程中,污水从排入到最终处置的整个生命周期中,要求对人体和环境不产生危害或将危害降到最低限度。

### 2. 排水系统清洁生产的内容

排水系统清洁生产过程中使污水和废物利用合理化、经济效益最大化、对人类和环境的危害最小化,通过不断提高效益,以节能、低碳、资源化的方式进行运作,达到污水的清洁排放,降低运行成本,增加系统产品和服务的附加值,以获取尽可能大的经济效益,并把系统运行过程对环境产生的负面影响降至最低。

对于一个城市,排水系统的服务运行中应该最大限度地做到:① 节约资源,实施各种节能技术和措施,充分利用无毒、无害的原材料,减少使用稀有原材料,现场循环利用物料、废弃物;② 采用高效、少废或无废生产技术和工艺,减少副产品,降低物料和能源损耗,合理提高排出水的质量。

## 3.4.2　排水系统清洁生产分析框架

本书在提出以源污染物减量化、排水过程污染物排放最小化、末端污染物处理最优化的排水系统清洁生产总体思路的基础上,构建了排水系统清洁生产体系。该体系提供了全面解决排水系统溢流污染问题的分析框架、技术体系、实施方案、系统集成模型和运行管理系统。

镇江市排水系统清洁生产分析框架如图3.7所示。

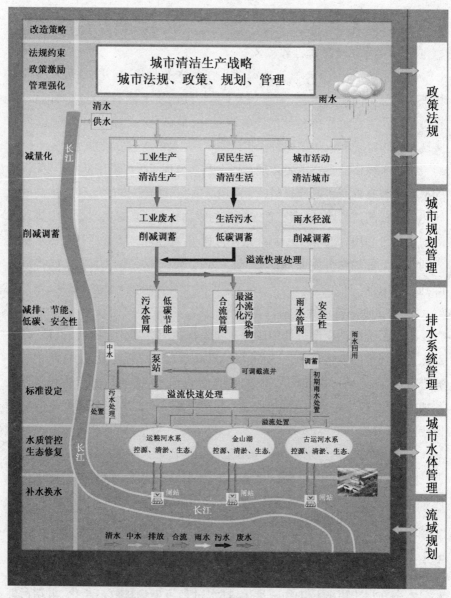

**图3.7　镇江市排水系统清洁生产分析框架**

### 3.4.3　排水系统清洁生产策略

排水系统清洁生产策略主要包括政策与管理、减量化、资源化、废物最小化、低碳化、分质处理与处置等方面。

1. 政策与管理

《中华人民共和国水污染防治法》(2008 年修订)第三条规定:"水污染防治应当坚持预防为主、防治结合、综合治理的原则,优先保护饮用水水源,严格控制工业污染、城镇生活污染,防治农业面源污染,积极推进生态治理工程建设,预防、控制和减少水环境污染和生态破坏。"第四十条规定:"国务院有关部门和县级以上地方人民政府应当合理规划工业布局,要求造成水污染的企业进行技术改造,采取综合防治措施,提高水的重复利用率,减少废水和污染物排放量。"第四十一条规定:"国家对严重污染水环境的落后工艺和设备实行淘汰制度。"第四十三条规定:"企业应当采用原材料利用效率高、污染物排放量少的清洁工艺,并加强管理,减少水污染物的产生。"第四十四条规定:"城镇污水应当集中处理。"第四十六条规定:"建设生活垃圾填埋场,应当采取防渗漏等措施,防止造成水污染。"上述规定充分体现了水污染防治以预防为主的清洁生产理念。

加强水环境管理是实现排水系统清洁生产的主要途径,其主要措施包括以下 5 个方面:

(1) 加强水质管理。水资源在利用过程中排放的污废水会对地表或地下水体造成污染,严重的会使水源失去使用价值,为此要对水质进行管理,即通过调查污染源,实行水质监测,进行水质调查、评价和预测,制定有关法规和标准,并进行水质规划等。

(2) 加强城市管理,妥善处理城市垃圾。城市是人口集中居住地,人口密度非常高,会产生大量生活垃圾。及时、合理处理垃圾可以从根本上降低地表径流中污染物的含量。清扫路面也是控制污染径流的有效方法,即增加城市地表的清扫频次和有效性,减少垃圾散落,保持地表清洁,通过减少污染物质与暴雨径流潜在的混合机会,从源头降低径流污染。

(3) 调整用水结构。调整产业结构及用水结构是有效控制用水需求的重要措施,也是城市水量管理的战略重点之一。

（4）建设和完善城市给排水管网。进一步完善城市给排水管网,节约新鲜水、回用中水及雨水。在雨污水收集、输送环节增加处理装置,减少污染物量。增强雨污水末端处理能力,减少排入受纳水体的污染物量。加强区域水环境管理,提高受纳水体自净能力。

（5）充分发挥水价的杠杆调节功能。水价对城市水资源可持续利用至关重要,对自来水实施提价,超量使用加价可有效降低新鲜水的使用量。对回用中水的水价及中水回用相关设施的建设应予以财政补贴。充分利用水价这一经济杠杆,可促使城市居民珍惜水、节约水、保护水。

**2. 减量化**

减量化是实现排水系统清洁生产的重要策略之一。节水减排、中水回用、通过提高水的循环利用率实现废水零排放以及雨水资源化均是有效减少城市排水管网雨污水量的重要途径。

**3. 资源化**

资源化包括污水资源化和雨水资源化两个方面。

污水资源化又称污水回收,是把工业、农业和生活污水引入预定的净化系统中,采用物理、化学或生物的方法进行处理,使其达到可以重新利用的标准的整个过程。这是提高水资源利用率的一项重要措施,污水经处理后又转化为可利用的水资源,对于城市发展而言,这具有双重意义:一是减少污染、保护环境;二是增加水资源、缓解缺水危机。因此,污水资源化具有良好的社会效益和环境效益。

雨水作为一种长期稳定存在的非传统水源,就近易得,易于处理,数量巨大。雨水的利用,不仅可在一定程度上缓解水资源短缺局面,防治城市洪涝灾害,减少污染物排放,而且对水环境复合生态系统的良性循环与可持续发展起着重要作用。雨水作为资源不仅可用于生活与工业生产,还可用于小区绿化、灌溉、市政清洁及地下水补充,从而发挥多种生态环境效益。

**4. 废物最小化**

水污染防治的首要和最佳措施是将污染物在源头的产生量减少到最低程度。废物最小化是保护和节约水资源,促进社会可持续发展的必要措施。加强宣传,提升民众素质,垃圾分类存放,可最大限度地降低进入排水管网的污染物数量。改造雨水收集系统,可在雨水进入排水管网前截留固体污染物。增强末端污水处理厂的处理能力以及溢流污染的控制能力,可减少进入受纳水体的污染物量。

**5. 低碳化**

依据城市地形和水文地质条件以及环境条件,科学规划与建设城市排水管网,使干管在最大合理埋深情况下,以自流排水为原则,保证管网具有良好的水力条件,避免沿线建设耗能的提升泵站。

**6. 分质处理与处置**

城市生活污水的收集和处理模式可分为集中式与分散式两种。集中式处理系统存在建设和维护费用巨大、污水回用困难、营养成分难以有效回收等诸多弊端。分散式处理系统经济效益不显著、运行管理水平低、出水水质难以保障。基于新型供排水理念的污水源分离、水循环利用的"半集中式处理",则是在一定区域集成建立水的循环利用和固体废物处理综合系统,实现水的分质供应与排放、污水处理和再利用以及废物资源化的目的,其规模介于分散式和传统的集中式处理系统之间。生活污水源分离、分质处理和资源化模式克服了传统集中式排水体制与分散式排水体制的弊端,较好地实现了节水、节能和减少污染物排放等目标,符合循环经济的理念。

**7. 运行管理**

加强运行管理,对于排水管网清洁生产的效果至关重要。已经制定的相关污染控制策略如果没有严格的管理与之相配合,就不会起到良好的作用。加强管理主要体现在以下几个方面:

(1) 对实现雨污分流的排水系统,严禁居民乱接出、入管道,以防污水由雨水管直接排放至水体,相关部门须做好监管工作。

(2) 扩大城市街道清扫范围、增加清扫次数、提高清扫质量、减少累积污染物的数量,从而减轻雨水的初期冲刷效应。

(3) 加大城市绿化面积,改善土地利用结构,减少地表径流的排放量。

(4) 加强对城市施工现场、机修厂、停车场废弃物的管理,控制绿地肥料、农药的使用。

(5) 控制导致酸雨形成的污染源,对城市工业排放的烟尘、粉尘进行达标管理,以减少大气的干湿沉降。

美国环保署（EPA）于 1989 年颁布了《国家合流污水控制策略》（Best Management Practice，BMP），1995 年又颁布一系列合流污水溢流控制的相关文件，并制定了 9 条措施控制合流污水溢流污染：

（1）对合流制排水系统和溢流口制定合适的操作规程并定期维护。

（2）最大限度地利用系统的收集存储能力。

（3）评估并改造预处理设施以减少溢流污水的污染。

（4）最大限度地利用污水处理厂进行处理。

（5）减少晴天的污水溢流。

（6）控制溢流污水中的固体和漂浮物。

（7）采取预防措施以减少溢流污水中污染物的量。

（8）加强公共宣传以使公众认识到合流污水溢流的发生及其影响。

（9）有效地监测合流污水溢流的影响和控制措施的有效程度。

由此可见，发达国家为了解决合流制排水系统雨天溢流污染的问题，采取了多种方式和措施，我国也应借鉴其先进的管理经验，尽快制定相应控制对策、政策和规范，并应用于工程实践。

# 第 4 章

# 合流管网系统错时分流源头控制技术

## 4.1 错时分流技术的提出

### 4.1.1 技术的提出

随着城市化进程的加速和城市的膨胀,合流制排水管网向分流制改建的难度越来越大,而且污水携带的污染物也越来越复杂化和高浓度化,流量随着城市人口的增长变得越来越大,这些因素导致受纳水体污染日趋严重,城市污水厂负担加重、处理效率下降,城市居民用水健康受到严重威胁,处于上游地区的污染汇集对下游地区取水、用水造成威胁,合理有效地从源头控制管网污染变得越来越棘手。

针对第 3 章提到的各国采取的应对合流制管网污染的措施所存在的缺陷,结合国内污染现状,本书将对一种能够有效地从源头控制溢流污染的新技术进行深入研究,并验证其在工程应用中对合流制污染的削减能力。这是一种从源头控制合流制管网污染的新技术,核心在于通过在合适的时间段内截流合流制源头污染源之一的生活污水以削减溢流污染。该技术在一定程度上削减了管道沉积污染和初期雨水径流污染,完全消除了降雨阶段因生活污水而产生的 CSO 污染。

### 4.1.2 技术的描述

合流制管网错时分流减排技术以削减合流制溢流污染为目的,在降雨阶段对生活污水进行截流,通常应用于使用合流制管网的生活区,并利用居民楼附近的地下空间。该技术有效地整合了污水调蓄系统和远程控制系统,并充分结合合流制管网特点以及当地降雨径流等特征,通过深入的理论研究及工程应用完善后得到。简单地说,错时分流技术就是利用无线传感技术实现系统的实时控制技术在不同时间段(主要在有效降雨阶段)对生活污水进行截流,有效降雨结束后将截流污水排放至污水厂进行处理,确保降雨阶段不会因为生活污水而增加 CSO 污染。该技术涉及截流系统、控制系统、排放系统等相关系统的综合运行。

错时分流减排技术借鉴国际上比较流行的雨水调蓄系统和城市管网管理体制,是结合合流制管网特征、降雨规律和污染状况而形成的一套合流制管网污染削减措施,在合理的规范管理之下,管网因生活污水产生的大部分污染将被削减,为下游雨水调蓄提供较为清洁的水质,使管道沉积污染、溢流污染和初期径流污染最小化。

## 4.2 错时分流系统的构建

### 4.2.1 系统运行思路

错时分流技术是通过整合无线控制系统和污水调蓄系统来满足既定设计要求的运行过程。污水调蓄系统主要包括控制污水调蓄池、截流系统和池内污水提升泵。控制系统在基于 WSN(Wireless Sensor Network)网络后变得简单易操作,当监测数据达到预定数值时,通过远程控制中心开闭阀门,开始截流或者排放污水。该技术在降雨阶段起到截污效果的同时,如果遇上有间断的梅雨季节,会在根据模型计算的时间段内将池内污水排出,使在下一次有效降雨到来时有足够的池内空间进行截流,流量通过全区综合调节设定。由于梅雨季节连续降雨时间较长,所以在降雨间隙就需要科学统一地进行全区综合调节,通过监测统计得到当地降雨数据,根据模型参数调节各模块,使管内流量最优化。系统总体运行思路如图 4.1 所示。

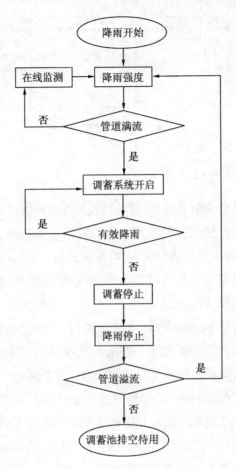

**图 4.1　系统运行思路**

图 4.1 逻辑如下:降雨强度分析与监测—截流干管水位监测—污水调蓄系统启动与否—开始调蓄—溢流量分析—降雨历时分析—是否停止截流—截流停止—污水调蓄池是否排放污水—调蓄系统排空待用。

在污水调蓄池和主管道截流井中间设一个远程自动控制阀门。WSN 不但在远程控制上有一定的优越性,而且在流量监控和调节方面也有着不可替代的作用。排水动力主要来自于污水调蓄池内的污水泵,通过该泵将池内污水排出,同时增加内循环回流冲洗,防止池内沉淀。控制系统配备的监测系统实时监测降雨状况,并根据实时降雨状况控制截流阀门(通过无线远程控制启动/关闭阀门)。WSN 工作过程如图 4.2 所示。

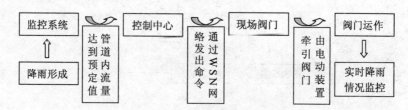

图 4.2　WSN 系统工作过程

## 4.2.2　污水调蓄系统工作原理

污水调蓄系统分为晴天模式、排放模式和降雨阶段模式 3 种。其运行方式如下:晴天模式时,住宅区的生活污水直接通过分流井,从上排口溢流排入污水管网,调蓄池内保持清空状态;降雨模式时,打开阀门井内自动阀,通过分流井的污水被截流至污水调蓄池内,有效降雨形成的管道径流小于一定数值时关闭阀门井,污水继续进入主管道;排放模式时,在管道内流量容许的条件下打开潜污泵,对池内污水进行排污,尽可能地将池内污水排空,以腾出足够空间应对下一次截流。错时分流减排技术采用远程控制技术,能够精确控制有效降雨时间并及时截流污水。该技术的工作方式和操作步骤都以其原理为基础,因此一套完整的系统必须拥有合理严密的原理支撑才能发挥最大的工作效率。错时分流减排技术的工作原理又包括技术原理和控制原理,科学的工作原理配合相应的管理措施,共同提高了整套技术的工作效率。污水调蓄系统的技术原理如图 4.3 所示。

晴天时,只有旱流流量,此时分流调蓄池内若有污水,根据当前管道监测的数值,用最佳管道流量减去目前流量即为打开水泵排入的流量,此时要保证整个区域协调运行。降雨时,首先依据管道内流量动态调节,当降雨汇集流量达到一定数值时控制关闭阀门,使生活污水流入污水调蓄池内,当降雨渐渐停止,管道内流量降低到一定数值时打开阀门,使雨污水共同在不产生溢流的情况下进入污水处理厂进行处理。在管道水量再次下降到一定数值时控制开启污水泵并且动态控制污水泵流量,尤其在降雨持续时间较长,且在降雨间隙抢时间排放池内污水时,更能体现出动态控制的优越性。污水调蓄系统技术原理流程如图 4.4 所示。

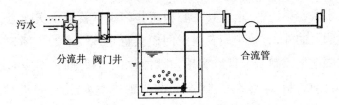

(a) 技术原理示意图 （立面）

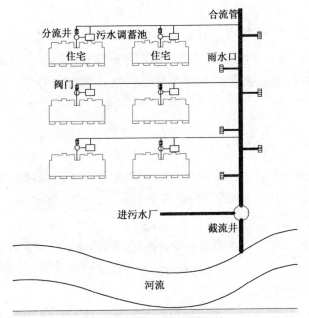

(b) 技术原理示意图（平面）

**图 4.3　污水调蓄系统的技术原理**

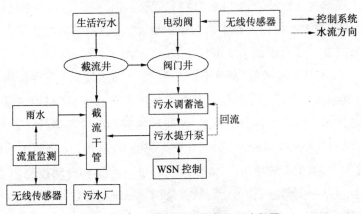

**图 4.4　污水调蓄系统技术原理流程图**

在污水调蓄系统中,除了其核心构筑物污水调蓄池在实际运行中起到污水调蓄的目的外,有效利用管道空间模式也是该技术的一部分。管道空间模式需要结合控制系统得以实现,开启污水泵的时间根据实时监控的主管道流量自动控制,最有效地利用间隙排出池内污水,但这需要相关方面给出主管道的参数,包括管径、长度、坡度和内部压力等,以方便计算出管道内水流速度。

通过智能调节系统对主管道内水位进行科学调节,使一般情况下管道内水位低于溢流量,同时确保生活污水正常排放和池内积水的排放,在降雨历时较长的时间段内,降雨间隙抢排池内污水调节也是其中一个重要的方面。

## 4.2.3　无线控制系统

错时分流减排技术的控制部分是使用 WSN 技术进行自动控制的,并借鉴了城市污水系统实时控制(Real-Time Control, RTC)技术。

WSN 控制的概念:

(1)管网监控。在主管道内设流量监测仪器用于监测管道流量情况;分流调蓄池内设一水位监测仪器,实时监测池内水位状况;污水泵出水口处设流量计,实时监测出水流量。

(2)设备远程控制。阀门通过自动开关由远程控制;污水泵开关可控制,并可以调节流量,通过远程控制系统调节。

(3)监测和控制的结合。通过监测系统得到目前运行的数据,包括管道流量、分流调蓄池水位以及排水泵的排水量,然后根据模型计算出目前最佳运行方案并立即通过控制系统进行调节。

WSN 技术对过程变量(如水位、流量、污染物浓度等)进行监测和实时控制。在雨季时,管道内雨污混流对污水厂的冲击很大,实时控制系统能够有效地使排水系统各个部分协调运行,通过预测调节设施运行状态,再根据系统的反馈信息进行调控,从而优化整个系统的运行,充分利用系统的排水、储存能力,减少 CSO 污染。整套系统有手动控制和自动控制两种模式,监测内容包括降雨数据、管道运行数据及调蓄系统运行数据等。

WSN 在错时分流减排技术中的应用过程大致如下:首先污水调蓄池的

截流阀是电动控制阀门,在阀门上装有无线接收装置,该装置能够远程控制阀门电机;其次污水调蓄池内的潜水泵也是通过 WSN 远程自动控制的,其开关以及运行时间都通过模型计算和实际监测得出;最后通过远程 WSN 系统协调运行各污水调蓄池,操作人员在办公室就可以监控各个分流调蓄池的水量、流速和开关。

# 4.3　错时分流系统的设计

## 4.3.1　污水调蓄系统设计

污水调蓄池的整体设计包括调蓄池的体积设计、框架设计、布局施工以及配套设备的选型等。调蓄系统示意图如图 4.5 所示。

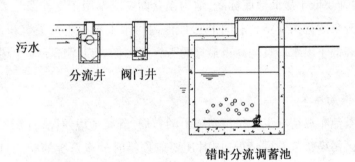

错时分流调蓄池

**图 4.5　调蓄系统示意图**

调蓄池的整体设计是错时分流减排技术的核心部分,其功能及效率直接影响到错时分流减排技术的运行效果,因此在设计和建造调蓄池时应从以下几个方面进行考虑:

1. 污水调蓄池体积设计

污水调蓄池的体积需要结合当地的相关资料和标准规范,按以下公式进行计算:

$$V = q_m \delta_v t_\Delta \tag{4.1}$$

式中:$\delta_v$——调蓄池体积弹性系数、综合截流倍数和降雨重现期的综合系数;

　　　$t_\Delta$——有效降雨历时;

　　　$q_m$——进入错时分流调蓄池单位时间内的最大污水流量。

$q_m$ 可通过下面公式计算：

$$q_m = \beta q_0 n \qquad\qquad (4.2)$$

式中：$\beta$——污水量变化系统；

　　　$n$——错时分流调蓄池设计服务人数。

　　　$q_0$——人均污水定额。

2. 框架设计

调蓄池的整体框架包括调蓄池的体积、形状以及构造等方面,由于调蓄池为地下建筑物,在整体设计时还应该考虑防渗漏的相关措施。根据具体情况计算出体积后参考相关规定的尺寸标准设计其形状,一般选取纵深较大的长方体。

整体构造方面体现在池底呈一定坡度向提升泵一侧倾斜,坡度在 5% ~ 10%,提升泵低于最低池底标高,池内设立固定支架用于支撑回流管。回流管接提升泵的排出管道,用于回流,使池内污水不易产生污染沉积,池内进水口标高低于出水口且均高于最近的干管管底标高以保证不发生堵塞溢流事故。

3. 布局施工

调蓄池布局情况主要是指宏观上的布局,既要考虑便民,也要考虑污染以及小区污染排放管网情况,同时还要兼顾错时分流系统的初始目标。调蓄池作为一种地下构筑物很有可能发生渗漏情况,遇到特大暴雨时也会造成一定的溢流污染,且挖空的地下会对地面建筑物有一定的安全隐患,因此宏观上的布局就是要把这些潜在威胁最小化甚至于消除。综合各种因素,调蓄池一般建在居民楼附近不承压地区,上层最好覆以 0.1 ~ 0.2 m 厚的土,离居民楼地基 5 m 以上。

污水调蓄池施工需要注意以下一些问题:

(1)建设外部条件。建设外部条件主要指分流调蓄池在建设期间产生的环境效益和建成之后对环境的影响。建设时期的环境效应包括建设施工产生的大气、水、噪声等污染对附近的环境影响。

大气类污染主要是指施工带来的扬尘和施工中使用的化学涂料扩散带来的污染,此类污染影响到附近居民生活以及过往行人,需要有效地控制污染面积,减少污染,其解决方式一般为洒水清扫。

水污染主要是指工地施工产生的废水和工人的生活污水,一般将这些废水收集集中处理,防止扩散污染。

噪声污染分为交通噪声和施工机械噪声,前者为间歇性噪声,后者为持续性噪声。施工期主要噪声源有推土机、挖土机、运输车辆、搅拌机等施工机械设备,此时应该在工地周围设立隔音墙之类构筑物有效减少噪声污染。

(2)污水调蓄池选址。污水调蓄池选址在符合法律以及国家规定的同时,应满足3个要求,即技术要求、环境要求和地质要求。

技术要求是指分流调蓄池建设应满足基本技术参数要求,建设需要注意顶部覆土情况、顶部承重情况、防渗性能是否达标、抗压要求等。

环境要求是指分流调蓄池附近居民的日常生活不能因为分流调蓄池而受到影响,如不能有异味溢出,遇到强降雨不能出现污水倒灌或者溢出,避免造成居民生活不便等。

地质要求一般是指能够建设地下构筑物的常用标准,包括地下水位、土质情况和与大型建筑物的距离等。

(3)分流调蓄池防渗漏控制。在我国,依据有关建筑规范和给排水设计手册,分流调蓄池需具有足够的结构强度和防水性。根据容积的区别,一般分流调蓄池壁厚为370 mm或490 mm,抹面设计为防水砂浆内外抹面,具备砌体防水的设计标准。本书研究的分流调蓄池建设模式参考国家相关标准进行便可。

从渗漏的类型方面分析,结构性渗漏和毛细渗漏为一般存在的渗漏类型。结构性渗漏是指由于沉降、挤压、施工质量等因素造成的局部断裂纹式渗漏;毛细渗漏是指砌体的物理毛细孔产生的渗漏,毛细孔自身具有过滤净化污水的能力,而污水本身具有堵塞毛细孔的条件。所以,毛细渗漏可以不考虑。

综上所述,一般情况下分流调蓄池需要考虑结构性防渗设计,以确保渗漏情况的减轻甚至排除,而常见的渗漏问题主要由偷工减料、不规范施工等引发,属于人为因素,需要通过规范管理来解决。

4.配套设备

(1)无线控制阀门。基于WSN网络的无线控制阀门能够远程控制开关。在输水管线安装电动阀门并实现阀门的远程控制,工作人员能够根据实际生产状况运用无线控制技术远程控制该电动阀门的启动与停止。该阀门能通过监控设备及时记录并上传管道内的流量情况。网络系统建设的目标如下：① 能够及时准确地监测电动阀门的开关情况；② 能够准确地远程控制电动阀门的开启和停止，同时电动阀门的开度可实时调节；③ 通过图形展示对系统进行实时、历史数据的展示；④ 监控箱要有一定的安全性能；⑤ 对电路、通讯进行确认，使工作人员可随时掌控通讯及数据传输；⑥ 具备数据的查询功能，确保数据的准确性、完整性。

（2）潜污泵。潜污泵的流量根据调蓄池容积确定，具体流量和容积的关系见表4.1。

表 4.1　调蓄池容量与潜水泵流量选择

| 调蓄池容积/m³ | < 10 | 10 ~ 20 | 20 ~ 30 | 30 ~ 50 | 50 ~ 100 | > 100 |
|---|---|---|---|---|---|---|
| 潜水泵流量/(m³/h) | 8 | 15 | 20 | 30 | 40 | 80 |

由于调蓄池内设计可防止沉淀产生，所以搅匀式排污泵是最佳选择。自动搅匀排污泵是在普通型排污泵的基础上采用自动搅拌装置。该装置能随电机轴实时旋转，产生极强的搅拌力，将污水调蓄池内的沉积物搅拌成悬浮物然后吸入泵内排出。选择防堵、排污能力强的潜污泵，能够节约运行成本。选用搅匀式潜水排污泵时首要考虑节能效果、防缠绕能力、堵塞情况、自动安装和自动控制等相关性能。

### 4.3.2　无线控制系统设计

控制系统通过时间上的设计来模拟控制优化合流制管道排水，在降雨时期，通过计算得出分流调蓄池截流以及排放时间，在保证管道内最佳流量的同时，实现多点联动远程控制。

1. 开始截流时间

开始截流时间可参照公式

$$t_1 = iS\alpha / (Q - Q_{污})$$

式中：$t_1$——开始截流时间；

　　　$i$——降雨强度；

　　　$Q$——总混合污水量；

$Q_{污}$——污水流量;

$S$——汇水面积;

$\alpha$——径流系数。

经验设计 $t_1$ 时,一般在降雨汇流雨水量占溢流流量的 1/2 时开始截流,同时称汇流流量超过这一数值的降雨为需要截流的有效降雨,小于这个值时不需要关闭阀门直接通过分流调蓄池截流。此类降雨的计算过程如下:首先通过暴雨公式代入降雨模块计算;再由汇流系数得出某个区域内的径流量;最后将该值与溢流流量的 1/2 进行比较,确定是否为有效降雨。

2. 停止截流时间

降雨停止后地面汇流并未结束,在一定时间内管道中仍将存在由降雨产生的汇流流量,但是其值随时间推移逐步变小,当达到特定数值时便可以打开阀门将污水直接排入管网而不用截流,即时刻 $t_2$。这里时刻 $t_2$ 的确定需要最大生活污水流量 $Q_{污MAX}$ 且此时管内流量之和应小于等于溢流流量,计算式如下:

$$Q_{污MAX} + Q_{雨} < Q_{溢}$$

式中: $Q_{雨}$——降雨径流量;

$Q_{溢}$——溢流水量。

选定时刻即为阀门打开时间。

3. 污水泵开始运行时刻和流量

当 $Q_{污MAX} + Q_{泵} + Q_{雨} < Q_{溢}$ 时,污水泵打开,并实时控制 $Q_{泵}$(水泵最大流量)流量,通过动态自动控制污水排放量,确保三者之和处于最佳值。

4. 降雨间隙时间

降雨间隙排放生活污水是自动控制的一个重点部分,主要应用于长时间有效降雨情况下,而分流调蓄池体积有限,不能无限制截流生活污水,所以要在降雨间隙将池内污水尽量多的排出。间隙时间的排放计算涉及排放量、排放时间和排放距离 3 个方面。

(1) 排放量的计算。根据截留倍数 $n_0$ 的取值,如 $n_0 = 2$,即 $Q_{溢} = 2Q_{污MAX}$,那 $Q_{泵}$ 最大流量等于 $Q_{污MAX}$,假设完全没有雨水情况下池内污水排放时间和截流时间等长,即可简化为截流时间和排放时间等同。

(2) 排放时间的计算。由上述计算得知,截流时间和排放时间等同。

（3）排放距离的计算。排放距离是指分流调蓄池到污水厂的有效距离，在本书设计中记为分流调蓄池到第一个溢流井的距离。在计算中，污水在管道内的流速取平均值 2 m/s。现假设分流调蓄池距离溢流井距离为 1 km，污水从分流调蓄池到流溢流井耗时约 8 min。在降雨频繁时段，这 8 min 内对管道的充分利用大大减轻了分流调蓄池体积压力，提高了它的续航能力。

5. 地面汇流时间

地面汇流时间 $\tau$ 的计算可以通过下式反推而出：

$$V = f(\alpha)W \tag{4.3}$$

式中：$\alpha$——脱过系数，$\alpha = Q'/Q$，$Q'$ 为脱过流量即最高进入污水厂流量，$Q$ 为管道设计最大流量；

　　　$W$——管渠的设计流量 $Q$ 与地面汇流时间 $\tau$ 的乘积，即 $W = Q_{流}\tau$；

　　　$f(\alpha)$——$\alpha$ 的函数式，函数如下：

$$f(\alpha) = -\left(\frac{0.65}{n^{1.2}} + \frac{b}{\tau} \cdot \frac{0.5}{n+0.2} + 1.10\right)\lg(\alpha+0.3) + \frac{0.215}{n^{0.15}} \tag{4.4}$$

式中：$b, n$——暴雨公式参数；

　　　$\tau$——管渠在截流池排出口的断面汇流历时。

通过上述公式可以推出汇流时间 $\tau$。

# 4.4　错时分流技术模块化分析

本技术系统模块以科学准确的方式分析截流排水的相关过程，是系统设计和运行管理的理论支撑和运行依据。错时分流技术系统模块具有同自然流域雨洪模型相似的基础原理，但需要对管网进行更准确的监测，而且系统内存在截流井、调蓄池、无线控制系统等相关构筑物，这是该技术系统模块与自然流域水文模型的主要不同之处。

## 4.4.1　模块构成

错时分流技术模块包括晴天旱流、降雨截流和排空 3 个部分。晴天旱流指的是晴天模式时的系统管道内分析，主要涉及旱流流量以及污水水质分析。降雨截流包括调蓄系统体积计算、截流时间推导，其中体积计算涉及降雨转化、输送等一系列过程。降雨截流又可以分解成几个子模块,包括产流、汇流、管道流。

错时分流技术系统模块的构成如图4.6所示。

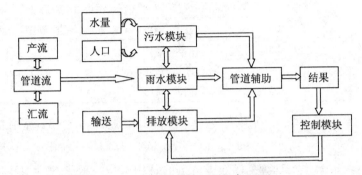

**图 4.6　错时分流技术模块构成图**

## 4.4.2　污水模块

污水模块流量一般由 3 个部分组成,即居民生活污水水量、区域人口数和渗入量。污水模块流量可定义为

$$DWF = I + \sum qn \qquad (4.5)$$

式中: $I$——渗入量,L/d;

　　　　$n$——人口数量,人;

　　　　$q$——每人每日排放污水量,L/(人·d)。

渗入量 $I$ 只有通过流量测量才能得到确切数值,可采用夜间最小流量法、用水量折算法等来确定。

1. 人均污水量

我国城市人口密度很高,生活污水量的统计通常参照每月用水抄表数据。我国人均用水、排水因地域特征差异较大,缺水地区和沿江淡水资源丰富地区排水量相差很大,这是影响人均污水量的主要因素之一。影响城镇居民人均排污量的因素大致分为外生变量影响因素、技术参数影响因素和控制变量影响因素。中华人民共和国国家标准《城市居民生活用水标准》(GB/T 50331—2002)对不同区域用水量的规定见表4.2。

表4.2　不同区域规定用水量

| 地域分区 | 日用水量/L·人$^{-1}$d$^{-1}$ | 适用范围 |
|---|---|---|
| 一 | 80～135 | 黑龙江、吉林、辽宁、内蒙古 |
| 二 | 85～140 | 北京、天津、河北、山东、河南、山西、陕西、宁夏、甘肃 |
| 三 | 120～180 | 上海、江苏、浙江、福建、江西、湖北、湖南、安徽 |
| 四 | 150～220 | 广西、广东、海南 |
| 五 | 100～140 | 重庆、四川、贵州、云南 |
| 六 | 75～125 | 新疆、西藏、青海 |

根据人均日污水排放量为人均日用水量的 0.8 倍,若用水量取 180 L/(人·d),则产生的污水量为 144 L/(人·d),可近似取 150 L/(人·d)进行计算。商业区员工的日用水量一般为 50～100 L,排放量按85%～95%计,可近似取 80 L 计算。顾客用水量有两种计算方法: ① 按每人每次用水量考虑,3 L/(人·次),小时变化系数为 2.5;② 按每平方米商业面积的产生量考虑,用水量为 5～15 L/(d·m$^2$)。

由上述可以得出按居民区计算人均污水排放量的计算公式为

$$q = q'\alpha \tag{4.6}$$

式中: $q'$——国标中规定的最大人均用水量;

$\alpha$——人均排污系数,即实际用水的人与设计总人数的百分比。一般情况下,公共生活区 $\alpha$ 取 100%,小区住宅区 $\alpha$ 取 70%,办公区 $\alpha$ 取 40%,商业区 $\alpha$ 取 10%。

**2. 人口数量**

人口数量 $n$ 可从地方发展规划中查找或者通过相关统计结果获取,也可根据人口密度进行估算,本技术涉及人口数量一般由统计得出。商业区污水的流量通常由工商建筑的相关排放流量记录获取。

## 4.4.3　雨水模块

城市降雨模块和一般流域雨洪径流的计算方法相近。本书所述技术要求对城市地区地表径流进行计算,对于土壤渗入等因素不予考虑。一般假设地面径流进入地下管网系统,不会同地面径流再发生反馈。由于集水区域的地面形状非常复杂,通常采用的方法是将集水区离散化,但是错时分流技术着重对居民小区区域进行研究,涉及研究区域面积小、地形变量也较小等特点,故将集水区域理想化为降雨均匀分布,并将其出流量作为后续计算的基础。

1. 产流

此处产流过程涉及暴雨的折减过程,包括初期损失、有效蒸发、渗透等雨水损失过程。降雨量大于损失量时,地面开始积水并形成径流,该过程可采取下式进行计算:

$$i_n(t) = \psi_c i(t) \qquad (4.7)$$

式中:$i_n$——可产生径流雨量;

　　　$\psi_c$——径流系数,根据相关规范,本书中选取 $\psi_c = 0.9$;

　　　$i$——降雨量(关于降雨强度和降雨历时的函数)。

上述径流系数 $\psi_c$ 主要取决于区域地面类型、土壤植被类型和地面坡度,也受降雨特性(强度、历时)的影响。本书研究的居民小区区域主要为铺设路面和屋面,此处径流系数值范围为 0.70~0.95。

2. 汇流

上述净雨量转化成集水区流量的过程称为地面汇流。通过汇流模型计算得到汇流数据,作为后续管道流和有效降雨历时分析的输入量。此处采用如下公式对汇流进行计算:

$$Q_s = \psi_c q F \qquad (4.8)$$

式中:$Q_s$——雨水径流流量,L/s;

　　　$F$——汇水面积,$\mathrm{hm}^2$;

　　　$q$——设计暴雨强度。

3. 管道流

相对于上述的产流和汇流,管道流流量在本书研究中主要受原合流制管路铺设影响,可通过当地实际监测得到数据,并依次计算出管道储存能力。

## 4.4.4　排放模块

排放模块指的是池内污水在降雨间隙的排放,包括排放时间、排放量和多点协调。池内污水降雨间隙排放根据以下步骤设定。

(1) 管道内污水流速的计算公式如下:

$$v = (R^{2/3} I^{1/2})/\beta \qquad (4.9)$$

式中：$v$——流速，m/s；

　　$R$——水力半径，m；

　　$I$——水力坡降；

　　$\beta$——管壁粗糙系数。

（2）污水调蓄池和污水厂溢流井之间的流过距离 $L$，可实际测量或查阅施工数据得到，从而计算出分流调蓄池污水到污水厂所需时间，即

$$t = L/v$$

（3）多点协调的协调方式由下式控制：

$$t_\Delta > t_1 + t_2 + t_3 \tag{4.10}$$

式中：$t_1$——污水从分流调蓄池到污水厂所需时间；

　　$t_2$——分流调蓄池内污水完全排出时间；

　　$t_3$——污水从最远的源头流至调蓄池的时间；

　　$t_\Delta$——两次有效降雨（和污水合流后产生溢流的降雨）间隔。

协调的目的是间隔排放控制，人为地远程无线遥控同步控制。流量的计算以小区为单位，假设小区内所有污水调蓄池提升能力等同，为方便模拟，分流调蓄池流量取等值，按同时排放来计算小区出口处流量即可。

### 4.4.5　模型参数推导

截流时间的确定和降雨产生的径流汇流以及污水排放量有直接关系。首先应确定降雨产生的径流汇流时间。

表 4.3 中列出了典型暴雨径流模型及模拟方法。

雨水管理模型是目前国际上通用的具有雨水地面径流过程模拟模块且模拟精度较高的模型之一，其基本思想是将圣维南方程简化为非线性水库方程进行雨水地面径流过程模拟，再以 5 min 为时间步长求解此水库方程，最后得到小区域出口流量过程线。已有模拟结果显示，不透水区和半透水区的洪峰时刻都为 50 min 左右，这表明对平原城市区域来说，不透水率越高，洪峰时刻越提前，不透水率越低，洪峰时刻越滞后。小区域半透水区的不透水率低于不透水区的不透水率。若其他条件相同，在小区域地面雨水汇流过程中半透水区的洪峰时刻应该晚于不透水区的洪峰时刻。降雨前 20 min 被认为是降雨初期，其水中含有大量污染物，需要进行处理，不易直接

排入水体。在合流制系统中,应尽可能将其全部送入处理厂进行处理,也就是说尽量不要在降雨前 20 min 内产生溢流。

本书采用的是等流时线法,并假定其径流面积线性增长,降雨损失用径流系数表示,因此可得下式:

$$Q(t) = \frac{\varphi F}{\tau} \int_{t=\tau}^{t} i(t) \, dt \qquad (4.11)$$

式中: $Q(t)$——时刻 $t$ 的流量;

$\varphi$——径流系数;

$F$——流域面积;

$\tau$——汇流时间;

$i(t)$—— $t$ 时刻的降雨强度。

**表4.3 典型暴雨径流模型及模拟方法**

| | 暴雨径流模型 | 模拟方法 |
|---|---|---|
| 国际通用模型 | 推理公式法<br>公路研究所法(TRRL)<br>伊利诺城市排水区域模拟模型(ILLUDAS)<br>芝加哥流量过程线模型(CHM)<br>雨水管理模型(SWMM) | 等流时线法<br>等流时线法<br>等流时线法<br>非线性水库方程<br>非线性水库方程 |
| 国内主要模型 | 城市雨水管道计算模型(SSCM)<br>城市雨水径流模型瞬时单位线法(CSYJM) | 等流时线法<br>瞬时单位线法 |

根据该公式可以确定图 4.7 中 $t_1$ 和 $t_2$ 时刻的流量( $t_1$ 和 $t_2$ 时刻分别为使用分流调蓄池截流开启时刻和将分流调蓄池内污水排出时刻),设计要求为在 $t_1$ 和 $t_2$ 时刻雨水管流量和生活污水管流量之和不超过管道最大流量。生活污水流量的计算配合自动控制系统确定 $t_1$ 和 $t_2$ 时刻。

根据设计要求,

$$Q = Q_{雨} + Q_{污} \qquad (4.12)$$

结合当地暴雨强度公式:

$$i = \frac{167A(1 + c \lg P)}{(t + b)^n} \qquad (4.13)$$

式中: $i$——暴雨强度;

$p$——设计降雨重现期;

$t$——降雨历时，$t = t_1 + mt_2$，$t_1$ 为地面流行时间，$m$ 为抒减系数，$t_2$ 为管内流行时间；

$A, c, b, n$——地方参数，可参照相关规范选取。

整理得截流开始时间为

$$t_1 = iS\alpha / (Q - Q_{污}) \qquad (4.14)$$

式中：$S$——区域汇流面积；

$\alpha$——径流系数。

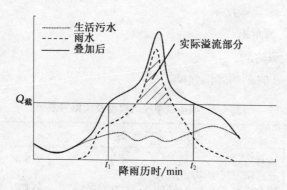

图 4.7　截流时刻图

进行错时分流调蓄池体积计算时，结合该地区的有效降雨历时统计资料和生活用水标准规范，将上述得到的数据代入相应公式进行计算。

## 4.5　错时分流技术应用实例

本书利用雨污水在管网中运行具有的显著时空差异性，在国内首次开发出截流居民楼生活污水调蓄系统、排水工程调配系统和截流井控制系统等集成的合流管网雨污水错时分流成套装备。非降雨时，合流管网内只有污水，合流管网就是污水管网。降雨时，关闭调蓄分流池的排出阀，生活污水被分流池调蓄后不排入管网，同时将管网末端的截流井排向污水厂的阀门关闭，此时合流管网内只有雨水。该技术实现了在一套合流管网内雨、污水错时分流，而不用在原合流制管网上新建管网。本节将通过工程应用验证这项技术的可行性，并进行效益分析。

## 4.5.1　工程概况

### 1. 工程介绍

　　某小区位于镇江市京口区医政路,占地面积 $2.5 \times 10^4 \ m^2$。小区中间有一条宽约 6 m 的道路,道路东侧有一条合流明渠,渠道上覆盖着水泥盖板。

小区没有雨水管道,降雨时,雨水经过小区地面和路面漫流,从明渠盖板缝隙中流入明渠。雨天时,雨水和生活污水形成合流污水。道路大致将小区分为东西两个片区,小区共有 25 栋居民住宅,居民 2 162 人。小区外接排水系统为合流制排水系统,日均生活污水排放量约为 497 $m^3/d$。工程具体位置如图 4.8 所示。

图 4.8　工程位置

### 2. 建设内容

　　在小区内建立错时分流系统(如图 4.9 所示),以实现雨污错时分流。

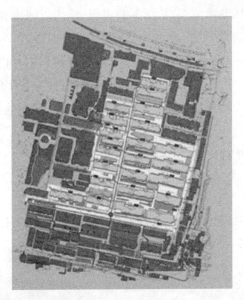

图 4.9　合流制管网错时分流改造示范工程总平面图

（1）主要建设内容：小区 25 个分流调蓄池泵阀的电气控制系统；小区道路明渠的清理；小区明渠与小区外雨污水管道的连接与闸阀安装；WSN 系统的架设。

错时分流工程预算为 43.5 万元。

（2）工艺设计：① 截流井,1 座,尺寸为 1 200 mm × 1 200 × mm × 3 000 mm。② 阀门井,25 座,尺寸为 500 mm × 500 mm × 700 mm。阀门井主要功能是存放电动阀和无线传感器,方便电动阀和传感器的正常维护,底部设有一防积水小孔。③ 错时分流调蓄池,25 座。本工程利用现有化粪池直接改造成错时分流调蓄池。内设污水提升泵两套,一用一备,运行参数为 $Q = 10$ m$^3$/h, $H = 7$ m,$N = 0.75$ kW。④ 控制系统 1 套。

3. 工程指标要求

① 生活污水溢流污染物年削减量为 1 508 ~ 2 261 kg。

② 初期雨水径流污染物年削减量为 640 ~ 1 602 kg。

## 4.5.2　工程设计

1. 相关资料统计

镇江市地处江苏西南部,长江下游南岸,境内以河流和丘陵山区地形为主;属季风气候,四季分明,夏季气温较高、潮湿多雨,冬季干燥寒冷。据资料显示,市区平均年降水量为 1 088.2 mm,每年的六七月份会出现一段阴雨连绵的"梅雨期",平均入梅日为 6 月 18 日,出梅日为 7 月 11 日,平均梅雨量为 253.9 mm,最大梅雨量为 1991 年的 891.0 mm,最小的梅雨量为 1978 年的 23.8 mm。

镇江地区暴雨强度公式如下：

$$i = \frac{2\,418.16(1 + 0.787 \lg P)}{(t + 10.5)^{0.78}} \tag{4.15}$$

根据镇江市政府规划中排水规划降雨重现期 $P$ 选用标准,重要干道、重要地区一般选用 2 ~ 5 年,具体情况见表 4.4。

**表 4.4　镇江地区规划降雨重现期**

| 地形分级 | | 重现期($P$)的选用/年 | 说明 |
|---|---|---|---|
| Ⅰ | 平缓地形 | 0.333,0.5,1,2 | 地面坡度小于0.003 |
| Ⅱ | 溪谷地形 | 0.5,1,2,3 | 山与山之间低陷的地方 |
| Ⅲ | 封闭洼地 | 1,2,3,5,10,20 | 圩区 |

　　镇江市处于长江中下游区域,每年六七月份,由于大气环流的季风调整,来自东南面海洋的暖湿气流与来自西北方的冷空气在上述区域交会,形成一条东西向的准静止锋,称为梅雨锋,从而带来阴雨连绵和暴雨集中的天气。梅雨时期内,该区域维持一条稳定持久的雨带,而且雨带中的暴雨分布不是十分均匀。梅雨锋的暴雨强度虽然比台风暴雨要小,但其持续时间很长,这成为本书所研究的技术必须克服的一个难题,如1991年该区域梅雨期持续约56天。因此,在设计分流调蓄池容积时,重现期选用20年,此时20 min降雨量可达到340 mm,城镇小区径流系数选择0.9。

　　工程研究小区建设于20世纪90年代,每栋楼5层,住户为30户,实际入住率为90%。小区平均每户常住1.5人,平均每栋楼有45人,人均排污量按镇江地区标准设计。小区距污水处理厂约6 km,污水主管道管径为300 mm,管道内流速为1.5 m/s。小区年平均降雨天数为120,有效降雨天数为60,超过2天以上的不间断降雨平均每年有一到两次。

　　小区汇水面积的平均径流系数按地面种类加权平均计算。径流系数的选择见表4.5。小区各类区域面积统计见表4.6。

**表 4.5　径流系数**

| 地面种类 | 径流系数 |
|---|---|
| 各种屋面、混凝土或沥青路面 | 0.85~0.95 |
| 大块石铺砌路面或沥青表面处理的碎石路面 | 0.55~0.65 |
| 级配碎石路面 | 0.40~0.50 |
| 干砌砖石或碎石路面 | 0.35~0.40 |
| 非铺砌土路面 | 0.25~0.35 |
| 公园或绿地 | 0.10~0.20 |

**表 4.6　小区各类区域面积统计**

| 地面种类 | 面积/$m^2$ | 径流系数 | 综合径流系数 |
|---|---|---|---|
| 屋面 | 11 430 | 0.85 | |
| 混凝土路面 | 4 160 | 0.85 | |
| 非铺砌土路面 | 2 310 | 0.30 | 0.6 |
| 绿地 | 7 100 | 0.15 | |

2. 调蓄池体积设计

错时分流调蓄池体积结合该地区的有效降雨历时统计资料和生活用水标准规范,按式(4.1)进行计算。

该小区调蓄池 $\delta_V = 1.2$,污水量变化系数 $\beta$ 取 0.7。小区调蓄池由 25 座化粪池改造而来,改造后平均每个调蓄池服务人口 $n = 2\,162/25 = 87$ 人,可近似取值 90 人。统计资料显示最大一个调蓄池服务 120 人。

根据该小区多个排放口的监测数据,可统计出污水时段平均排放量,见表 4.7。

**表 4.7　人均污水排放量**

| 时段 | 平均流量/$m^3 \cdot 人^{-1} \cdot h^{-1}$ | 时段 | 平均流量/$m^3 \cdot 人^{-1} \cdot h^{-1}$ |
|---|---|---|---|
| 0:00—1:59 | — | 12:00—13:59 | 0.013 |
| 2:00—3:59 | — | 14:00—15:59 | 0.012 |
| 4:00—5:59 | 0.005 | 16:00—17:59 | 0.015 |
| 6:00—7:59 | 0.013 | 18:00—19:59 | 0.021 |
| 8:00—9:59 | 0.019 | 20:00—21:59 | 0.024 |
| 10:00—11:59 | 0.021 | 22:00—23:59 | 0.009 |

由此可见,该小区污水排放时段多集中于 10—12 时和 18—22 时,取统计资料中的最大流量作为设计有效值,则 $Q_0 = 0.027\ m^3/(人 \cdot h)$。

$t_\Delta$ 通过下式计算:

$$t_\Delta = t_2 - t_1 \tag{4.16}$$

式中:$t_1$——有效降雨开始时间;

$t_2$——有效降雨结束时间。

① 有效降雨开始时间 $t_1$ 在实际统计中通过管道流量来确定,即当降雨产生的径流流量 $Q_s$ 与污水最大排放流量 $Q_0$ 之和刚达到合流制管路溢流流量 $Q$ 时刻,计算参照式(4.14)。

由于 $Q = n_0 Q_h$($n_0$ 为管路设计的截流倍数,取 $n_0 = 3$;$Q_h$ 为旱流流量,此处取 $Q_h = Q_0$ 进行计算($Q_0$ 为生活污水量),则 $Q = 3 Q_0$;由 $Q_s + Q_0 \leq Q = n_0 Q_h$ 得 $Q_s \leq 2 Q_0$。其中 $Q_s$ 根据式(4.8)进行计算。

② 有效降雨结束时间 $t_2$ 理论时刻和开始时间理论时刻一样计算,实际操作中,当两次有效降雨间隙 $\Delta t < t'$($t'$ 为理论间隙排放时间,能够有效地将调蓄池内污水排入附近污水厂而不产生溢流)时,两次有效降雨视为一次有效降雨,统计时做一次统计。

该小区年降雨历时统计见表4.8。

**表 4.8　降雨历时统计**

| 月份 | 降雨历时/(h/次) | 有效降雨历时/(h/次) | 最大有效降雨历时/(h/次) |
|---|---|---|---|
| 1 | 7.22 | 0.23 | 1.15 |
| 2 | 6.37 | 0.51 | 1.86 |
| 3 | 10.38 | 0.54 | 2.13 |
| 4 | 8.71 | 1.63 | 5.27 |
| 5 | 9.83 | 2.19 | 6.05 |
| 6 | 6.26 | 2.06 | 5.92 |
| 7 | 4.17 | 2.91 | 5.17 |
| 8 | 5.31 | 3.25 | 5.86 |
| 9 | 5.19 | 3.09 | 4.93 |
| 10 | 6.38 | 2.16 | 3.99 |
| 11 | 7.29 | 1.93 | 2.81 |
| 12 | 6.83 | 0.92 | 1.84 |

在上述统计资料中取最长一次有效降雨历时作为设计依据,则 $t_\Delta = 6.05$。

由上述公式,计算得进入调蓄池最大流量

$$q_m = 0.7 \times 90 \times 0.024 = 1.512 \ \text{m}^3/\text{h}$$

该小区实际错时分流调蓄池平均体积为

$$V = 1.2 \times 1.36 \times 6.05 = 10.977 \ \text{m}^3$$

3. 无线控制系统设计

无线监控系统利用无线传输技术得到现场反馈的监控数据,并将区域内多个监控点的现场信息实时通过无线通讯手段传送到无线监控中心,由无线控制中心根据现场数据分析需要进行的操作,并将相应的操作命令通过无线传输技术发送至现场,现场的自动控制设备根据相关命令进行操作,并将操作结果实时反馈至控制中心,整个过程实现了自动控制这一目标。

监控系统应用如图 4.10 所示,它可以实时监控现场水质、水量等数据,进行天气预警、远程控制现场设备以及实时记录监测数据。

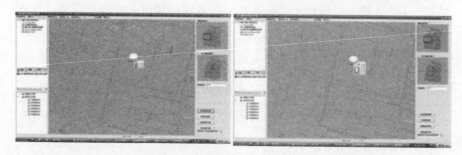

(a) 污水水质水量实时显示界面

(b) 天气预报预警界面

(c) 泵阀远程控制界面

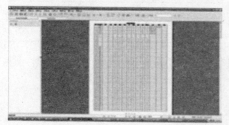

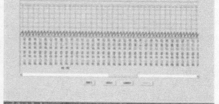

(d) 监测数据报表和历史曲线

图 4.10　监控系统的应用

控制系统有远程自动控制和现场手动控制两种运行模式,如图 4.11 和图 4.12 所示。自控电柜安装于现场,可实现远程自动控制和本地手动控制两种功能。自控电柜直接控制自控阀门,阀门的开关由现场监测的数据决定,监控设备的实时数据通过 WSN 技术直接传至远程控制中心。

　　(a) 流量监测　　　　　　　　　　　(b) 水质监测

**图 4.11　远程监控设备**

　　(a) 自控阀门　　　　　　　(b) 错时分流天线控制电柜

**图 4.12　现场控制设备**

## 4.5.3　施工控制

1. 过程质量控制

（1）过程质量控制的概念

质量控制点是指为了保证作业过程的质量而确定的工程节点。重要控制对象、关键部位或薄弱环节都需要进行相应的控制,此过程中需要通过设定重要环节质量控制点来确保工程质量达到施工质量要求。具体做法如下:分析可能造成质量问题的关键点,针对这些关键点制定相应的对策,同时列出控制点明细表提交监理批准后,实施相应的措施。

（2）选择质量控制点

① 应用工程施工中的关键工序或环节以及某些隐蔽工程,如阀门井内电动阀门的安装和阀门井的防水。

② 工程实施中相对较为薄弱的环节,包括质量要求较高的工序、部位以及对象。

③ 部分对后续工程施工有明显影响的工序、部位或对象,如截流井截流口的相对高程。

2. 周边环境控制

（1）施工中相关环境的控制与注意事项

施工环境条件包括水、电以及动力、施工用的照明、安全保护措施、施工场地空间条件和通道、交通运输和道路条件等,当确认上述条件准备可靠、有效后,方可进行施工。

（2）施工质量管理环境的控制

施工质量管理环境的控制内容:① 施工承包单位的质量管理体系和质量控制自检系统是否处于良好的状态;② 系统的组织结构、管理制度、检测制度、检测标准、人员配备等方面是否完善和明确;③ 质量责任制是否落实。

（3）自然环境条件的控制

自然环境中产生的水、气、固、声等所有污染均需要有所控制,避免影响附近居民正常生活和工作。在化粪池清理等步骤时还需要注意气味的扩散影响,尽量在短时间完成清理工作。

## 4.5.4　工程评价

1. 运行效果分析

（1）改造前

示范工程建设前,自 2009 年 7 月至 2010 年 8 月,该区域共有 25 次降雨,实际监测到 20 次。径流量与污染物浓度变化曲线如图 4.13 至图 4.16 所示。

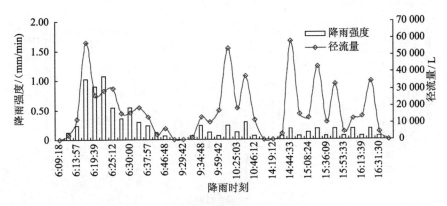

图 4.13　地表径流量统计(2009 - 09 - 17)

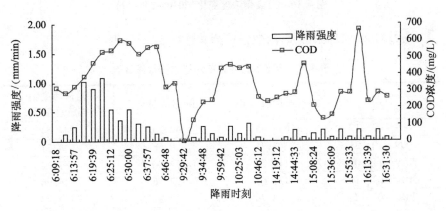

图 4.14　污染物浓度变化(2009 - 09 - 17)

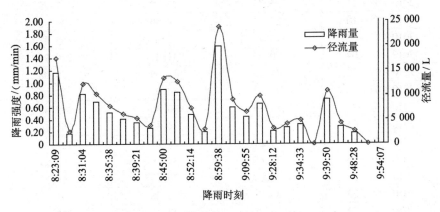

图 4.15　地表径流量统计(2010 - 04 - 19)

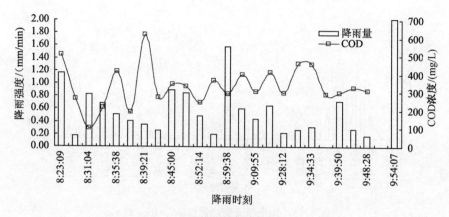

**图 4.16　污染物浓度变化(2010 - 04 - 19)**

通过对 20 次降雨的监控,取样检测并计算,结果见表 4.9。

**表 4.9　示范工程建设前污染物排放统计表**

| 日期 | 降雨历时/min | 降雨量/mm | 溢流污染物排放总量/kg |
|---|---|---|---|
| 2009 - 09 - 17 | 633.45 | 42.75 | 244.64 |
| 2009 - 10 - 31 | 3.71 | 0.58 | 4.21 |
| 2009 - 11 - 09 | 112.50 | 14.00 | 87.74 |
| 2010 - 02 - 10 | 131.61 | 27.76 | 19.96 |
| 2010 - 02 - 28 | 68.70 | 17.93 | 117.74 |
| 2010 - 04 - 19 | 90.96 | 12.05 | 60.52 |
| 2010 - 04 - 21 | 135.73 | 22.52 | 187.79 |
| 2010 - 06 - 10 | 82.91 | 9.90 | 76.45 |
| 2010 - 07 - 03 | 13.32 | 12.65 | 66.42 |
| 2010 - 07 - 04 | 70.85 | 41.22 | 219.95 |
| 2010 - 07 - 10 | 45.00 | 15.99 | 78.98 |
| 2010 - 07 - 16 | 443.42 | 80.93 | 72.65 |
| 2010 - 07 - 24 | 485.83 | 90.46 | 399.48 |
| 2010 - 08 - 05 | 101.58 | 34.45 | 356.16 |
| 2010 - 08 - 15 | 39.27 | 24.42 | 121.16 |
| 2010 - 08 - 16 | 77.68 | 38.60 | 83.21 |
| 2010 - 08 - 23 | 0.49 | 50.275 | 66.75 |
| 2010 - 08 - 24 | 46.2 | 8.28 | 35.69 |
| 2010 - 08 - 27 | 86.78 | 27.13 | 222.47 |
| 2010 - 08 - 31 | 169.88 | 74.29 | 149.07 |
| 总计 | 2 839.87 | 646.185 | 2 671.04 |

（2）改造后

改造后径流量与污染物浓度变化曲线如图 4.17 至图 4.20 所示。

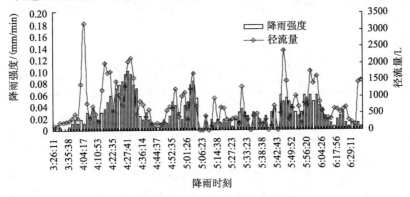

图 4.17　地表径流量统计（2011 – 06 – 18）

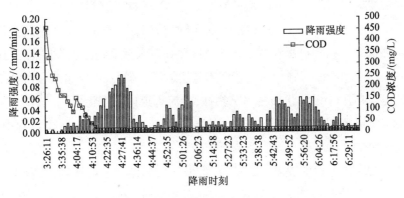

图 4.18　污染物浓度变化（2011 – 06 – 18）

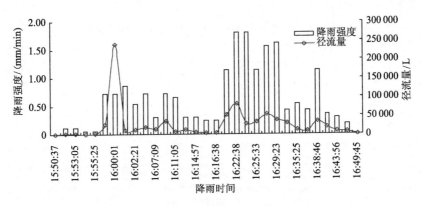

图 4.19　地表径流量统计（2011 – 08 – 14）

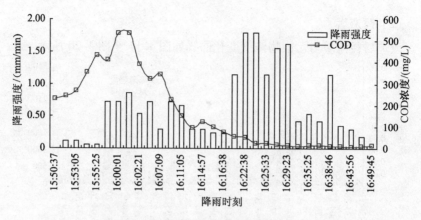

图 4.20　污染物浓度变化(2011 - 08 - 14)

由图 4.17 至图 4.20 可知,示范工程实施后,排水管网 COD 浓度随降雨时间的增加出现先升高后降低的趋势,且 COD 浓度达到最高值的时间往往在降雨开始后 0.5 h 内,原因在于:① 降雨初期,由于雨水冲刷导致排污管网内沉积的污染物再次释放;② 降雨初期,雨水污染物浓度在降雨后 10 ~ 30 min 内达到峰值,因此导致 COD 浓度达最高。随后,由于错时分流技术的实施,降雨 20 min 后,生活污水被拦截,合流管道内没有污水进入,仅为单纯的雨水管道,COD 浓度显著降低。由此可见,工程实施后,在降雨过程中,能有效避免生活污水进入管网系统所带来的污染。

根据降雨过程中溢流污染水质、水量的监测结果进行计算,可获得医政路小区错时分流技术实施后污染物的减排情况(按 COD 浓度计算),见表 4.10(4 个月测试数据)。

表 4.10　示范工程改造后污染物排放情况统计(2011 年 6 - 9 月)

| 日期 | 降雨历时 | 降雨量/mm | 径流量/m³ | 溢流水量/m³ | 调蓄水量①/m³ | 进入截流井污染物总量②/kg | 溢流污染物量/kg | 调蓄池调蓄污染物量③/kg |
|---|---|---|---|---|---|---|---|---|
| 2011 - 06 - 10 | 0:51:23 | 0.81 | 12.171 | | 1.99 | 0.579 948 | | 0.095 |
| 2011 - 06 - 18 | 3:29:24 | 4.81 | 72.920 | 12.4 | 8.17 | 3.474 638 | 0.590 86 | 0.390 |
| 2011 - 06 - 21 | 0:53:00 | 0.61 | 9.202 | | 2.05 | 0.438 475 | | 0.098 |
| 2011 - 06 - 23 | 3:44:26 | 10.16 | 152.470 | 47.8 | 8.63 | 7.265 196 | 2.277 67 | 0.411 |
| 2011 - 06 - 25 | 6:42:36 | 8.05 | 120.780 | 33.5 | 15.62 | 5.755 167 | 1.596 275 | 0.740 |

续表

| 日期 | 降雨历时 | 降雨量/mm | 径流量/m³ | 溢流水量/m³ | 调蓄水量①/m³ | 进入截流井污染物总量②/kg | 溢流污染物量/kg | 调蓄池调蓄污染物量③/kg |
|---|---|---|---|---|---|---|---|---|
| 2011-07-10 | 0:27:47 | 18.24 | 326.500 | 76.5 | 1.41 | 17.519 99 | 4.104 99 | 0.075 |
| 2011-07-11 | 1:40:12 | 25.22 | 378.324 | 79.6 | 4.55 | 20.300 87 | 4.271 336 | 0.243 |
| 2011-07-25 | 2:10:15 | 16.05 | 248.003 | 54.1 | 2.51 | 13.307 84 | 2.903 006 | 0.134 |
| 2011-07-26 | 0:27:13 | 6.53 | 104.048 | 31.0 | 1.24 | 5.583 216 | 1.663 460 | 0.070 |
| 2011-07-28 | 0:38:46 | 7.92 | 130.116 | 34.7 | 1.69 | 6.982 025 | 1.862 002 | 0.090 |
| 2011-07-30 | 0:23:24 | 26.45 | 404.928 | 89.5 | 1.02 | 21.728 440 | 4.802 570 | 0.050 |
| 2011-08-02 | 1:46:03 | 62.69 | 940.390 | 103.5 | 5.58 | 56.141 280 | 6.178 950 | 0.330 |
| 2011-08-03 | 0:34:21 | 8.41 | 126.160 | 35.7 | 1.76 | 7.531 752 | 2.131 290 | 0.110 |
| 2011-08-06 | 0:21:32 | 3.77 | 56.610 | 9.8 | 1.13 | 3.379 617 | 0.585 060 | 0.070 |
| 2011-08-07 | 0:30:47 | 5.25 | 78.801 | 11.5 | 1.62 | 4.704 420 | 0.686 550 | 0.096 |
| 2011-08-11 | 0:50:08 | 7.91 | 118.740 | 13.6 | 2.63 | 7.088 778 | 0.811 920 | 0.160 |
| 2011-08-12 | 0:49:11 | 10.5 | 157.500 | 35.6 | 2.85 | 9.402 750 | 2.125 320 | 0.170 |
| 2011-08-13 | 1:12:10 | 15.02 | 225.345 | 34.6 | 3.80 | 13.453 100 | 2.065 620 | 0.230 |
| 2011-08-14 | 0:59:08 | 52.87 | 793.177 | 57.3 | 4.16 | 47.352 670 | 3.420 810 | 0.250 |
| 2011-08-21 | 3:31:08 | 54.94 | 824.160 | 79.7 | 11.11 | 49.202 350 | 4.758 090 | 0.670 |
| 2011-08-22 | 0:45:31 | 43.38 | 650.740 | 68.3 | 5.55 | 38.849 180 | 4.071 540 | 0.330 |
| 2011-09-07 | 0:26:15 | 4.50 | 67.500 | 13.2 | 2.91 | 10.380 000 | 1.170 444 | 0.139 |
| 2011-09-23 | 0:11:18 | 4.77 | 71.500 | 14.4 | 1.34 | 4.310 000 | 1.341 638 | 0.147 |
| 2011-09-29 | 1:27:18 | 4.46 | 66.870 | 11.4 | 3.78 | 7.900 000 | 0.820 445 | 0.525 |
| 2011-09-30 | 1:54:27 | 2.45 | 36.720 | 0.8 | 4.03 | 11.880 000 | 0.097 079 | 3.030 |
| 总计 | | 405.786 | 173.68 | 948.26 | 101.1 | 374.5 | 54.34 | 5.623 |

注:① 调蓄量=降雨历时×降雨时间段生活污水总流量(降雨过程中,调蓄量为调蓄池的最大容量);
　② 进入截流井污染物总量=调蓄量×污水浓度;
　③ 调蓄池调蓄污染物量=径流量×降雨时间×径流浓度。

根据表4.9和4.10统计对比结果,用改造前监测统计得出的溢流污染物数据减去改造后监测统计得出的污染物数据就可求得污染物削减数据,即2 671.04 - 54.34 × 3 = 2 508.02 kg(以 COD 计),超过预期年削减量1 508 ~ 2 261 kg的目标。

地面径流的核算考虑到没有分流调蓄池之前地面径流污染的80%排入

水体,而错时分流技术使 80% 的污染得以有效去除,因此在 $2.5 \times 10^4 \text{ m}^2$ 小区内年地面 COD 污染削减量 1 576 kg,达到初期雨水径流污染物年削减量为 640 ~ 1 602 kg 的要求。

2. 费用效益分析

（1）投资费用

工程量包括 25 座化粪池的清理、土建改造,25 座污水调蓄池的泵、阀、无线传感器等安装,工程总投资为 43.5 万元。根据工程构筑物的实际费用计算,不同规模的分流调蓄池投资估算见表 4.11。

表 4.11　不同规模的分流调蓄池投资估算

| 分流调蓄池容积/m³ | 5 | 10 | 15 | 20 | 25 | 30 | 50 |
|---|---|---|---|---|---|---|---|
| 土建工程费用/万元 | 0.5 | 1.1 | 1.8 | 2.5 | 3.1 | 3.9 | 6.2 |
| 管道设备费用/万元 | 5.5 | 5.5 | 5.5 | 6.5 | 6.5 | 6.5 | 8.5 |
| 建设投资合计/万元 | 6 | 6.6 | 7.3 | 9 | 9.6 | 10.4 | 14.7 |

（2）成本费用

用电费用（包括提升泵、无线传感器、无线控制器和值班室用电）约 18.24 元/天,设备仪器折损费用约 3.78 元/天。

按照系统的运行要求,依成本要素法分析污水截流系统的年运行成本。项目运行费用包括动力、维修和人工费等,共折合 1 元/m³。错时分流减排技术主要是对环境污染的削减,其费用价值体现在环境治理方面,按每千克 COD 削减节省 2.125 元计算。按设施的使用年限为 50 年,折旧残值取 0,贴现率 $i$ 为 5.85%,参考调蓄池费用分析进行动态经济分析,计算结果见表 4.12。寿命期内总费用现值为

$$PV = I + A \frac{(1 + i)^n - 1}{i(1 + i)^n} \qquad (4.17)$$

寿命期内雨水集蓄系统的总效益现值为

$$EV = E \frac{(1 + i)^n - 1}{i(1 + i)^n} \qquad (4.18)$$

式中：$I$——错时分流系统的总投资,元；

　　　$A$——错时分流系统的年运行费用,元；

$E$——错时分流系统的年均效益,元。

此处,$E$ 由处理等量污染物所需费用效益折算而来。

表 4.12　分流调蓄系统费用效益分析

| 贮存池体积/ m³ | 年 COD 污染削减量/kg | 总投资额/ 万元 | 年运行费用/ 万元 | 年总效益/ 万元 | 寿命期内总费用现值/万元 | 寿命期内总效益现值/万元 | 动态效益费用比值 |
|---|---|---|---|---|---|---|---|
| 5 | 648 | 6.0 | 0.55 | 1.38 | 14.85 | 23.43 | 1.58 |
| 10 | 1 296 | 6.6 | 0.64 | 2.75 | 16.90 | 46.69 | 2.76 |
| 15 | 1 944 | 7.3 | 0.68 | 4.13 | 18.25 | 70.12 | 3.84 |
| 20 | 2 592 | 9.0 | 0.77 | 5.51 | 21.39 | 93.56 | 4.37 |
| 25 | 3 240 | 9.6 | 0.85 | 6.89 | 23.28 | 116.99 | 5.02 |
| 30 | 3 888 | 10.4 | 0.96 | 8.26 | 25.85 | 140.25 | 5.42 |
| 50 | 6 480 | 14.7 | 1.15 | 13.8 | 33.21 | 234.31 | 7.05 |

由表 4.12 可知,经济效益随分流调蓄池体积的增大而提高,但工程应用中体积越大,建设及管理难度越大,应根据实际需求情况进行选择。

3. 环境效益分析

1) 生活污水水质分析

污水调蓄池服务于居民区,而居民生活污水并不按照均匀流量排放,在早、中、晚各有一次流量高峰,直接排入合流制管网。晴天时,总流量在管网的设计流量范围内,但是降雨期间雨水会占用一些管道空间。如果降雨引起汇流量最大的时刻遇上生活污水排放高峰,将对管道和城市排水系统产生巨大压力,甚至发生一些事故。此外,污水排放量的波动和水质波动会对受纳污水处理厂的进水负荷控制带来压力。

(1) 水量变化系数

污水水量变化表示小区(包括商业区、居民区、工业区)污水排放量在每日不同时段(包括不同季节)的排污量波动。

流入管道的污水量时刻都在变化。变化系数一般分为日变化系数、时变化系数和总变化系数 3 种。

$$K_d(日变化系数) = 最大日污水量/平均日污水量 \tag{4.19}$$

$K_h$（时变化系数）＝最大日最大时污水量/平均日平均时污水量　（4.20）

$K_T$（总变化系数）＝$K_d K_h$　　　　　　　　　　　　　　（4.21）

生活污水水量变化系数是指一个单位的污水排放量在不断变化中的系数。例如公寓用水量在一日内是逐时变化的,通常采用时变化系数 $K_h$,即最高时用水量与平均时用水量之比值来表示变化的特征,一般把 $K_h$ 值作为给排水工程设计的基本参数之一。设计排水管时需要计算污水变化系数,以保证在最大污水流量时生活污水能安全排放,在最小废水流量时,不因流速降低而造成管道沉积淤塞。

城镇生活污水的变化系数与城镇规模、室内排水设备、人民生活水平和生活习惯以及工作制度等因素密切相关。实际变化系数的取用应根据当地具体情况而定,一般通过实测数据的分析寻其变化规律。20 世纪 70 年代初,中国一些城市进行了城镇污水量变化的观测,求得城镇污水变化系数(一般取 1.3～1.5),并已列入中国《室外排水设计规范》(GB50014—2006)。

城镇生活污水总变化系数见表 4.13。

**表 4.13　城镇生活污水总变化系数**

| 污水平均日流量/(L/s) | ≤5 | 15 | 40 | 70 | 100 | 200 | 500 | 1 000 | >1 500 |
|---|---|---|---|---|---|---|---|---|---|
| 总变化系数 $K_T$ | 2.3 | 2.0 | 1.8 | 1.7 | 1.6 | 1.5 | 1.4 | 1.3 | 1.2 |

图 4.21 所示是工程应用小区排水口测得的不同时段流量,排水高峰分别出现在早晨、中午和晚上,其中晚上排水量达到最大。

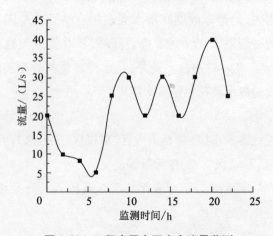

**图 4.21　工程应用小区废水流量监测**

城市生活污水包括居民生活污水、商业区废水和工业区废水,其中研究最多的是居民生活污水。在研究生活污水时,假设合流制管道内污水流速在 2 m/s 左右,小区合流制管道管径为 300 mm 左右,所以污水日最大设计流量(满管)在 150 L/s 左右,变化系数选取 1.6~2.0。

(2) 污水水质波动

污水水质主要指水体中由物理、化学、生物等诸因素所决定的污染。生活污水一般表现为水质浑浊、色深、有恶臭、呈微碱性,但一般不含有毒物质,固体物质含量低,仅占总质量的 0.1%~0.2%;有机成分占全部悬浮物质的 3/4 以上;无机成分主要以泥沙、溶解盐、沉淀盐居多。另外,生活污水中还含有大量细菌、寄生虫等微生物。工业废水常具有组成复杂、污染物浓度高、毒性大、水质水量不稳定、水温较高、含营养物质较多等特征。

一个城市生活和工业产生的废水水质的影响因素包括:① 城市性质及经济水平;② 其他污染源;③ 排水体制。当排水体制采用全部或部分截流式合流制时,应注意由于截流倍数、截流水量造成的污水浓度变化给进水水质带来的影响。

城市生活污水水质的影响因素主要包括:① 小区家庭结构类型;② 小区不同时段排污特点;③ 季节性影响。表 4.14 是镇江市医政路小区不同时段污水水质的统计,每隔 2 个小时测一次试样。由表可见,不同时段水质波动性较大。

**表 4.14 工程示范小区水质统计** mg/L

| 取样时间 | TN | TP | COD | $BOD_5$ | DO |
|---|---|---|---|---|---|
| 00:00 | 39.106 | 3.756 | 143 | 56.2 | 2.03 |
| 02:00 | 43.345 | 2.636 | 58 | 29.9 | 2.31 |
| 04:00 | 15.433 | 2.123 | 47 | 14.1 | 2.45 |
| 06:00 | 11.617 | 1.281 | — | 5.8 | 3.22 |
| 08:00 | 9.123 | 1.512 | — | 7.7 | 3.23 |
| 10:00 | 31.234 | 2.482 | 45 | 35.1 | 1.56 |
| 12:00 | 57.123 | 3.751 | 91 | 45.5 | 1.82 |
| 14:00 | 35.258 | 2.944 | 31 | 35.6 | 2.93 |
| 16:00 | 27.712 | 2.421 | 36 | 29.9 | 1.83 |

续表

| 取样时间 | TN | TP | COD | BOD₅ | DO |
|---|---|---|---|---|---|
| 18:00 | 22.419 | 2.873 | 55 | 25.7 | 2.13 |
| 20:00 | 25.311 | 2.545 | 41 | 25.9 | 2.22 |
| 22:00 | 32.678 | 3.345 | 77 | 40.9 | 1.88 |

注:上述数据中的 COD 和 BOD₅ 值是由仪器直接测出的,当测试中的 COD 值低于其检测限时,此时段没有值,用"—"来表示。

2) 污染削减计算

2011 年 9 月至 2012 年 9 月,示范小区错时分流系统共有效运行 43 次(不包括调试使用次数),截流生活污水约 $5.7 \times 10^3$ $m^3$,其中 7 月份截流污水流量约 812 $m^3$,相应地,该区域溢流污染削减率为 81%。系统污水截流量统计见表 4.15。截流污水量随降雨强度减小而减小,由于溢流量削减率相对可以忽略,此处不做研究。

表 4.15　系统污水截流量统计

| 月份 | 降雨强度/mm | 截流次数/次 | 截流量/m³ |
|---|---|---|---|
| 1—3 | 171.3 | 7 | 891 |
| 4—6 | 332.1 | 11 | 1 427 |
| 7—9 | 434.1 | 17 | 2 312 |
| 10—12 | 153.3 | 8 | 1 039 |

通过对该区域改建前后监测数据的整理和分析,可计算出错时分流系统运行期间 4 类典型溢流污染指标的削减量和削减率(假设忽略被截流排入污水厂的污水指标),由统计数据计算得出系统实际年 COD 削减量(见表 4.16)为 3.71t > (1.508 ~ 2.261)t,达到该工程削减量设计指标。

表 4.16　污染物削减统计

| 月份 | 溢流污染指标 | | | | | | | |
|---|---|---|---|---|---|---|---|---|
| | COD | | SS | | NH₃ - N | | TP | |
| | 削减量/t | 削减率 | 削减量/t | 削减率 | 削减量/10⁻²t | 削减率 | 削减量/10⁻²t | 削减率 |
| 1—3 | 0.52 | 0.52 | 0.73 | 0.67 | 3.1 | 0.61 | 0.58 | 0.53 |
| 4—6 | 0.64 | 0.47 | 1.25 | 0.65 | 5.9 | 0.58 | 1.01 | 0.49 |

| 月份 | 溢流污染指标 | | | | | | | |
|---|---|---|---|---|---|---|---|---|
| | COD | | SS | | $NH_3 - N$ | | TP | |
| | 削减量/t | 削减率 | 削减量/t | 削减率 | 削减量/ $10^{-2}$ t | 削减率 | 削减量/ $10^{-2}$ t | 削减率 |
| 7—9 | 0.88 | 0.46 | 1.97 | 0.59 | 9.2 | 0.61 | 1.65 | 0.44 |
| 10—12 | 0.77 | 0.59 | 1.04 | 0.66 | 4.8 | 0.63 | 0.86 | 0.47 |
| 总量 | 2.81 | — | 4.99 | — | 23 | — | 4.1 | — |

3）环境效益

（1）生活污水水质

居民生活污水水质影响因素较多，各个地区都不相同，但其污染物含量基本在标准范围内。普通居民区生活污水水质特征见表 4.17。

**表 4.17　普通居民区生活污水水质特征**　　　　　　　　　　mg/L

| 生活污水水质类型 | COD | BOD | SS | 有机氮 | 有机磷 |
|---|---|---|---|---|---|
| 高浓度水质 | 1 000 | 400 | 350 | 35 | 5 |
| 中等浓度水质 | 400 | 200 | 220 | 15 | 3 |
| 低浓度水质 | 250 | 100 | 100 | 8 | 1 |

结合表 4.17 和前文研究的居民生活污水水质可得出，居民生活污水在排放时段的特征受居民生活习惯的影响，不同地域、不同时期排放量和排放水质都不同。排放量最高峰出现在晚间 6 时到 10 时之间，同时排放污水水质也有波动。从表 4.17 还可以看出，生活污水不能直接排入水体，否则对水体负荷冲击较大。

生活污水是人们日常生活中产生的各种废水的总称，主要包括粪便水、洗浴水、洗涤水和冲洗水等。其来源除家庭日常生活污水外，还有各种集体单位和公用事业等排出的污水。生活污水中杂质很多，杂质的浓度与用水量多少有关，通常具有如下几个特点：① 氮、磷、硫含量高；② 含有纤维素、淀粉、糖类、脂肪、蛋白质、尿素等，在厌氧型细菌作用下易产生恶臭；③ 含有多种微生物，如细菌、病原菌、病毒等，易使人传染上各种疾病；④ 洗涤剂的大量使用，使废水中洗涤剂含量增大，呈弱碱性，对人体有一定危害。

随着人口在城市和工业区的集中，城市生活污水的排放量剧增。生活污水中多含有机物质，容易被生物化学氧化而降解。未经处理的生活污水排入受纳水体会造成水体污染,而且这种水一般不能直接用于农业灌溉,需经处理后才能进行排放。

（2）调蓄池内污染物估算

选取该小区内其中一个污水调蓄池为研究对象,体积为 21 $m^3$,则在没有自身厌氧消化的条件下,选取中等浓度污水,按照满池容量计算分流调蓄池内的污染物,见表 4.18。

**表 4.18　调蓄池内污染物估算**

| 指　　　标 | COD | BOD | SS | 有机氮 | 有机磷 |
|---|---|---|---|---|---|
| 中等浓度水质/（mg/L） | 400 | 200 | 220 | 15 | 3 |
| 池内污染物估算/kg | 8.4 | 4.2 | 4.62 | 0.315 | 0.063 |

表 4.19 为一个典型的污水调蓄池年均污染削减率。

**表 4.19　污水调蓄池年均污染削减率**

| 指标 | COD | BOD | $NH_3 - N$ | SS |
|---|---|---|---|---|
| 去除率/% | 15 | 59 | 3 | 30 |

通过上述研究可以看出错时分流减排技术对污染物的削减情况,尤其是在源头控制了可能发生的溢流污染,对受纳水体的保护作用更加明显,能够很好地改善环境。

（3）分流调蓄池对降雨初期地面径流污染的削减

分流调蓄池可在一定程度上对降雨初期地面径流污染进行有效控制,属于工程型削减地面径流污染措施之一,其主要贡献表现在降雨期分流调蓄池节省出管道空间使降雨初期污水尽可能进入污水厂。错时分流减排技术在降雨期间收集生活和工业污水,降雨停止后,将分流调蓄池收集的污水输送至污水处理厂处理后排放。错时分流减排技术可控制雨水径流水量、削减径流峰值,缓冲初期雨水排放量,减轻对受纳水体的污染负荷。

（4）管道内沉积污染分析

合流制管道内旱季沉积的污染物是合流制溢流污染物的重要来源之一。沉积物主要在旱季形成,此时管道输送污水,水量较小,流速较慢,导致大量污染物沉积在管道中,当遇到水量较大的降雨汇流时,这些污染物部分被带入水体,造成严重污染。目前,对管道内沉积污染的主要应对措施有人工或自动冲洗。管道冲洗通常是通过瞬时形成的水流进行,水力平衡阀(由一个同管道断面一样的平衡阀板构成)是目前比较实用的装置之一。

利用错时分流减排技术,在降雨期间生活污水被截流,暂时储存在分流调蓄池内,晴天时通过水泵将停留废水排入管网,这样一来就增大了旱流流量,使污染物管道沉积率下降,从源头上减轻了管内沉积物给受纳水体造成的冲击。

(5) 对雨水调蓄池的影响

雨水调蓄池是一种雨水收集设施,占地面积大,一般可建造于城市广场、绿地、停车场等公共区域的下方,主要作用是把雨水径流的高峰流量暂存其内,待最大流量下降后再从调蓄池中将雨水慢慢排出,但是收集初期雨水后的调蓄池水质较差,容易在池内形成沉淀物。错时分流减排技术的运用将降雨初期生活污水截流,管道空间用于输送雨水,这样降雨初期管道内沉积污染在雨水冲刷下和雨水一起进入污水处理厂,到了后期,管道内雨水水质好转,雨量增大,此时雨水调蓄池开始截流,获得可以二次利用的淡水资源。

(6) 对受纳水体的积极作用

错时分流减排技术使合流制溢流污染对城市附近水体的污染程度降低,提升了城市附近水体的自净能力。有了污水调蓄池之后,便可以不用考虑生活污水的排放量波动以及在降雨阶段雨水混流污染情况,分流调蓄池在截流废水、节省管道空间的同时可减少环境污染,初期地面径流污染和管道内沉积物污染,直接对受纳水体进行有效的保护。

(7) 对污水处理厂的影响

错时分流减排技术对污水处理厂有以下几个方面的影响:① 稳定污水厂碳源。开始生活污水的排放量波动对没有设立缓冲池的污水处理厂而言具有较大的冲击负荷,水质的波动影响也较大。设立分流调蓄池后就可以稳定地对污水厂进行送水。② 加重了污水厂处理的负担。错时分流减排技术的运用使得大部分污水都集中到污水厂进行处理(之前有部分污水溢流进入受纳水体),所以污水厂的日处理量可能需要加大。

# 第 5 章

# 合流管网分质截流过程控制技术

## 5.1　分质截流理论分析

### 5.1.1　分质截流概念的提出

目前城市溢流污染已经威胁到人类的身体健康。我国控制合流管网溢流污染问题的主要技术措施还是从截流入手,指导思想是尽量多地截流污水,减少溢流污水量,从而减少溢流污水对周边水体、土壤等的污染,减轻环境污染对人体的危害。我国市政为减少合流管网溢流污染,采取在截流干管设置截流井、蓄水池等技术措施。截流倍数的取值直接关系到截流污水水量的多少,换言之,截流倍数的取值直接关系到溢流污染。目前,我国截流倍数取值特点是一个城区截流倍数取值相同。

随着经济的发展,城市的扩大,工商业的迅猛发展使得工商业占地越来越大,污水处理厂处理的污水越来越复杂,由原来的生活污水到工业废水、商业区污水和混合区污水等。当今国内城市区域性明显,如商业区集中在市中心,工业区集中在经济开发区等区域化特点。由于城市分区明显,各个功能区域的水质也有相当大的差异。根据这一特点本书提出分质截流这一理念。分质截流是在水质区域化的基础上提出来的,即根据城市每个功能区域水质的差异,将水质相似的区域划分为一类功能区域,然后根据污水的污染轻重情况来确定截流倍数,目的是调整排入污水处理厂的污水水质,使得污染严重区域的污水较多地截流到污水处理厂,污染较轻区域的污水较多溢流,从而改善溢流水质,保护环境,减少水环境污染,同时平衡流入水体污水的各项污染物指标。

目前我国城市截流倍数的取值还是一个区域取值一样,无论是污染严重地区还是污染较轻地区,截流量和溢流污水水量无明显区别。而控制溢流污染的手段是整体提高截流倍数,当整个区域截流倍数提高一倍时,虽然明显减少了溢流污水水量,控制了溢流污水对水体的污染,但是同时截流污水水量明显增多,对污水处理厂造成一定的冲击负荷,影响污水处理厂的正常运行。传统截流倍数选择如图5.1所示。

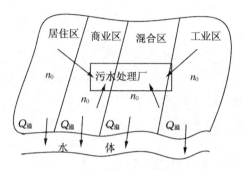

**图5.1　传统截流倍数选择示意图**

图5.1仅代表一个城市中某一区域的截流现状,从图中可以看出,该城市根据水质差异划分为4个功能区域,用传统方法来确定截流倍数,不考虑每个功能区域的水质。无论是居住区、商业区、工业区还是混合区,截流倍数统一选取为$n_0$。因此,每个功能区域溢流水量基本无差别,溢流水量的多少仅仅与每个功能区的面积相关。但本书提出的分质截流,则是将截流倍数进一步细化,如图5.2所示。

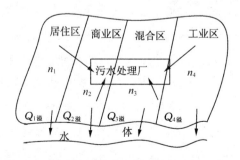

**图5.2　运用分质截流后截流倍数选择示意图**

从图5.2中可以看出,分质截流将该区域划分成4个功能区域,并且每个功能区域的截流倍数取值不完全相同。分质截流的思想可以应用于新城市的规划设计中,也可应用于老城区的改造中。图5.2在图5.1的基础上调整了溢流污水水量和水质,由原来每个功能区域截流倍数都是$n_0$调整到4个功能区域的截流倍数分别为$n_1$,$n_2$,$n_3$,$n_4$。根据水质的特点,分别调整每个区域排入污水处理厂的水量,污染严重的功能区域,污水尽量多地截流到污水处理厂,尽量少地溢流到环境中。在污水厂处理规模不变的前提下,分质截流是将污水变相地进行了浓缩。

雨季时,雨水量突然增大,由于不能把所有的雨污混合污水量都截流到污水处理厂进行净化,所以要求截流部分污水净化,剩下的另一部分污水溢流到环境中。与传统方法确定的截流倍数相比,分质截流确定的截流倍数可更精细地调整截流到污水处理厂的污水量。分质截流是根据现有城市的污染状况提出来的,与在一个城市中采用同一个截流倍数相比,分质截流具有很大的优越性。

## 5.1.2　分质截流系统的构建

分质截流系统通过对当地地形地貌、降雨-径流、受纳水体水环境容量、城市改造资金预算等因素进行综合分析,根据功能区域划分确定当地溢流污水量,改善溢流污水水质,从而减轻水体污染。分质截流系统包括当地资料的调查分析、受纳水体水质模型选择、改造资金与截流污水量关系的研究、截流倍数研究、分质截流约束条件确定、分质截流模型构建、分质截流模型应用及分质截流作用总结。

构建分质截流系统首先要调查搜集当地的相关资料,如水文、水质、土壤、地质等自然资料,确定当地暴雨强度、降雨历时、径流时间等物理量;调查当地排污口、排污量,分析各个排污口水质,标记相似水质;调查当地排水管网的输送过程,当地截流污水水量以及当地受纳水体污染状况;分析当地受纳水体的水环境容量和当地城市改造资金预算;分析当地污染状况如哪些区域污染轻、哪些区域污染重、哪些区域的污水成分相似等,并将污水水质相似的区域划分为一类功能区域。然后,构建分质截流系统的中心即分质截流模型,目的是将溢流污水的污染降低到自然环境可承受的范围以内,根据数学矩阵的思想构建分质截流模型。接着,构建分质截流模型的约束条件,约束条件之一是环境约束条件,通过管道水力学模型、管道水质模型以及受纳水体水质模型(受纳水体的水质模型根据当地地理条件的不同可以分为河流水质模型、湖泊水质模型、海洋水质模型等)来分析约束分质截流模型;约束条件之二是经济约束条件,通过城市改造资金的多少来约束分质截流模型。最后是分质截流模型的求解与应用,并总结分质截流作用。

分质截流系统具体计算模块如图 5.3 所示。

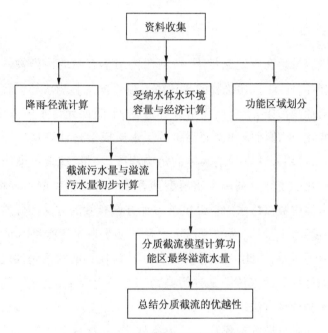

图5.3 分质截流系统示意图

分质截流系统中降雨-径流的模拟计算可借鉴国外先进计算模型如 SWMM 模型、STORM 模型等。受纳水体水环境容量的计算需要根据当地具体条件和排水管网现状选择合适的水质模型进行模拟计算。截流污水量和溢流污水量的确定分为两步,第一步是整个城市的截流倍数的优化,也就是要在综合考虑经济与环境的基础上,确定截流污水量和溢流污水量。一个城市总的截流倍数的确定,即截流污水量的确定,是至关重要的,通过水质模型模拟计算水环境容量,运用受纳水体水质模型、管道水质模型或者选择 SWMM 模型参数,运用 SWMM 模型模拟计算溢流污水的水质、水量,然后按照经济优化选取城市总体的截流倍数,选取的截流倍数应既能使资金使用最小化,又能最大限度地处理污水。第二步是在第一步的基础上对城市划分功能区域,应用分质截流模型,计算每个功能分区的溢流污水量,从而对城市做进一步的改造,最终达到减轻水环境污染的目的。

## 5.2　分质截流模型的约束条件分析

### 5.2.1　分质截流模型的受纳水体约束条件

水环境容量是在一定条件下,一河段内最多容纳的污染物的量。不同地段、不同时间段、不同污染物的水环境容量不同。影响水环境容量计算的因素有降雨径流污染、下垫面流量计算过程、上断面允许水质浓度、下断面水质浓度变化、点源污染和面源污染等。水质模型是计算水环境容量的主要方法之一,可用来计算受纳水体的污染程度、容量,探索污染物在受纳水体中迁移转化的规律。利用水质模型计算某一种污染物的水环境容量,为控制排入水体中溢流污水的量提供了一种方便有效的方法。分质截流模型是计算溢流污水水量的,而溢流污水水量的多少取决于受纳水体中可允许排放的溢流污水量,因此,受纳水体是分质截流模型的约束条件之一。水质模型可模拟计算受纳水体中某种污染物的水环境容量,是分质截流模型约束条件的一种计算方法。

受纳水体是分质截流模型的约束条件之一,受纳水体的水质水量决定可容纳排入溢流污水的水质水量。不同地区受纳水体不一样,有的地区是湖泊,有的地区是江河,有的地区是海洋。水质模型根据区域的不同,也分为不同种类,有海洋水质模型、河流水质模型、湖泊水质模型等。本书仅以河流水质模型为例对分质截流模型的约束条件进行计算。实际应用时则可根据当地条件来确定相应的水质模型。

### 5.2.2　合流管网溢流污水水量与水质

截流倍数的定义是截流污水量与上游管道输送的平均污水量之比。溢流污水水量与污染物浓度关系如下:

当 $Q_r > n_0 Q_h$ 时，

$$Q_g = (n_0 + 1) Q_h$$

$$Q_y = Q_r - n_0 Q_h$$

当 $Q_r \leqslant n_0 Q_h$ 时

$$Q_g = Q_h + Q_r$$

$$Q_y = 0$$

式中：$Q_r$——雨水径流流量；

　　　$Q_g$——截流干管截流污水流量；

　　　$Q_h$——旱季污水流量；

　　　$Q_y$——溢流污水流量；

　　　$n_0$——截流倍数。

由以上式子可以看出，当雨水径流流量大于截流倍数与旱季流量的乘积时，会产生溢流污水，反之不会产生溢流污水。

雨污混合污水的浓度可用如下公式计算：

$$C_y = \frac{Q_h C_h + Q_r C_r}{Q_h + Q_r} \tag{5.1}$$

式中：$C_y$——雨污混合污水的浓度；

　　　$C_h$——旱季污水的浓度；

　　　$C_r$——雨水径流的浓度。

旱季污水流量以及水质可根据当地人口数量、土地建设、区域面积等资料计算。雨水径流量可根据相关模型模拟计算，如利用 STORM 暴雨模型或者 SWMM 模型计算得出相关数据。

由以上公式可以看出，溢流污水的水量和水质与截流污水的水量相关，同时又与附近水体的污染程度相联系。

## 5.2.3　分质截流模型的经济约束条件

截流倍数的取值除了与水质有关外，还与资金相关，城市改造资金的多少成为影响截流倍数大小的一个至关重要的因素，因此，经济也是分质截流模型的另一个约束条件。雨季时，污水量的增大会对污水厂产生一定的冲击负荷，所以污水处理厂的投资费用要考虑冲击负荷、施工条件和管理水平

的影响,管道管径的选择要充分考虑雨季雨水量的大小。经济约束条件采用目标函数(总费用函数):

$$f(n_0) = f_g[D(n_0)] + f_p[Q_p(n_0)] + f_w[Q_w(n_0)] \tag{5.2}$$

式中:$f_g[D(n_0)]$——管道工程投资费用;

　　　$D$——污水管道的直径;

　　　$f_p[Q_p(n_0)]$——泵站工程投资费用;

　　　$Q_p$——泵站的规模;

　　　$f_w[Q_w(n_0)]$——污水处理厂投资和运行管理费用;

　　　$Q_w$——污水处理厂规模;

　　　$f(n_0)$——总费用。

　　污水管道的直径、泵站的规模、污水处理厂规模、污水处理厂运行管理费用都与截流倍数 $n_0$ 的取值有关。由于截流倍数 $n_0$ 的取值受水文、水质等气象条件和地质、土壤等自然条件以及人类活动等社会条件的影响大,不同地区其影响大小不一。$f_g(D(n_0))$ 管道工程投资费用和 $f_p(Q_p(n_0))$ 泵站工程投资费用与截流污水水量相关,可根据截流污水量推算管径选值以及泵站规模,从而推算投资费用。$f_w(Q_w(n_0))$ 是污水处理厂投资和运行管理费用,其中投资费用还包括购买当地建筑用地费用以及扩建等费用,而污水处理系统运行管理费用包括人员工资及附加费、材料费、水电费、折旧费、管道维修费、设备维修费、化验费、污泥运输费、管理费、财务费用、车间费用以及其他费用,同时还要考虑在冲击负荷增大的情况下,污水处理厂增加的运行管理费用。截流倍数取值越大,对附近水体环境污染将越小,但是相应的管道工程、泵站工程、污水处理厂投资及运行费用将增加;反之,截流倍数越小,则管道工程、泵站工程、污水处理厂投资及运行费用将减少,但是附近水体环境污染将加重。理论上存在一个使总费用函数相对较小,同时附近水体环境污染也较轻的截流倍数,这个截流倍数相对最优。

　　截流污水量的确定是整个经济约束条件的核心,截流污水水量的大小决定污水处理厂的扩建规模和泵站规模,而截流污水的水质影响到污水处理厂的处理能力和运行费用。城市改造或者建设中资金投入的多少直接影响截流倍数的取值,而截流倍数取值的不同直接关系着排水系统管网铺设和相关设施的投资以及运行管理费用。排水系统管路管径的选取、污水处理厂的规模、泵站的规模以及污水处理厂的运行管理费用都与截流倍数的取值相关。

### 1. 排水系统管道造价

排水系统管道造价主要由埋设深浅和管径粗细决定。而管径粗细和埋设深浅也有很大关联,管径越小,埋设越浅,反之,管径越大,埋设越深。埋深深浅与管径粗细之间的关系可用经验公式表示如下:

$$H = d + eD^{\beta} \tag{5.3}$$

式中: $H$——管道埋深,m;

　　　$D$——管径,m;

　　　$d,e,\beta$——曲线拟合常数和指数。

排水管道造价计算公式如下:

$$C = a + bD^{\alpha} \tag{5.4}$$

式中: $C$——造价指标,元/m;

　　　$D$——管径,m;

　　　$a,b,\alpha$——曲线拟合常数和指数。

根据相应管材的价格表和材料表,对上式进行曲线拟合计算,可以得出以下几种排水管道的造价指标公式。

$$C_1 = 150 + 2\,530D^{1.9} \qquad (H \leqslant 2 \text{ m},90°混凝土基础) \tag{5.5}$$

$$C_2 = 712 + 901D^{2} \qquad (H \leqslant 4 \text{ m},90°混凝土基础) \tag{5.6}$$

$$C_3 = 675 + 976D^{1.6} \qquad (H \leqslant 4 \text{ m},135°混凝土基础) \tag{5.7}$$

$$C_4 = 3\,157 + 1\,195D^{2} \qquad (H \leqslant 6 \text{ m},90°混凝土基础) \tag{5.8}$$

$$C_5 = 3\,918 + 1\,616D^{2} \qquad (H \leqslant 8 \text{ m},90°混凝土基础) \tag{5.9}$$

$$C_6 = 150 + 2\,530D^{1.9} \qquad (加权平均值) \tag{5.10}$$

在实际应用中,如果埋深与以上 6 个式子的其中一个相似,就可以应用它进行计算。而在老城区排水管网设计时,如果区域范围比较广,对该区域的地质条件了解不清晰,或者不清楚管道埋深和管道的基础时,可以应用公式 $C_6 = 150 + 2\,530D^{1.9}$ 进行计算,此公式具有很好的代表性。

### 2. 新建或扩建污水处理厂投资与运行管理总费用

(1) 小型污水处理厂的总费用函数

污水处理厂的投资与运行管理费与污水处理厂规模相关,污水处理厂

处理量小于 20 万吨/天时的投资和运行管理总费用函数如下:

$$C = k_1 Q^{n_1} + k_2 Q^{n_1} \eta^{n_2} \qquad (5.11)$$

式中: $C$——城市污水处理厂投资和运行管理总费用;

　　　$Q$——污水流量;

　　　$\eta$——污水处理率;

　　　$k_1, k_2, n_1, n_2$——规模系数。

根据工艺条件不同,总费用的计算又可分为 3 种:

① 污水全部一级处理、部分污水二级处理、污泥不处理时总费用计算公式如下:

$$C = 2.299 Q^{0.765} + 8.5 Q^{0.765} \eta^{1.351} \qquad (5.12)$$

② 污水全部一级处理、部分污水二级处理、污泥消化脱水时总费用计算公式如下:

$$C = 9 Q^{0.657} + 22 Q^{0.657} \eta^{1.7} \qquad (5.13)$$

③ 污水部分提升后排放、部分污水二级处理、污泥消化脱水时总费用计算公式如下:

$$C = 8.5 Q^{0.67} + 19 Q^{0.67} \eta^{1.8} \qquad (5.14)$$

(2)大型污水处理厂的总费用函数

污水处理量大于 20 万 t/d 小于 100 万 t/d 的污水处理厂称为大型污水处理厂。

大型污水处理厂污水处理的基本工艺流程是:污水经过提升泵房至一级处理、二级处理,然后消毒排放;污泥经过污泥消化、污泥脱水、污泥最终处置。一种工艺是部分污水从一级处理后直接排放至消毒池,经过消毒处理后直接排放;另一种工艺是部分污水经过提升泵房后直接排入消毒池,经过消毒处理后排放。

根据工艺流程的不同总费用函数也分为 2 种。

第一种工艺流程即部分污水从一级处理后直接排放至消毒池,经过消毒处理后直接排放的投资费用为

$$C_1 = 1.03 Q^{0.7878} + 3.29 Q^{0.7878} \eta^{1.234}$$

二级处理运行费用为

$$C_0 = 56.158 Q^{0.8015}$$

第二种工艺流程即部分污水经过提升泵房后直接排入消毒池,经过消毒处理后排放的投资费用为

$$C_2 = 0.89Q^{0.786\,1} + 3.5Q^{0.786\,1}\eta^{1.35}$$

二级处理运行费用也为

$$C_0 = 56.158Q^{0.801\,5}$$

**3. 提升泵站投资费用**

泵站的投资运行费用包括两部分,一部分是泵站的基础设施投资和维修费用,另一部分是泵站的运行费用。

提升泵站的建设投资和维修费用可用如下计算公式:

$$C = K_2\left(\frac{1}{T} + \frac{P}{100}\right)\frac{\sigma'\gamma}{\eta'}Q^m H^n \tag{5.15}$$

式中: $C$——泵站建设投资和维修费;

　　　$H$——泵站扬程;

　　　$Q$——泵站提升污水流量;

　　　$T$——投资偿还期;

　　　$P$——折旧与大修费;

　　　$\sigma'$————能量变化系数;

　　　$\gamma$——输电线效率;

　　　$m,n$——指数,对于固定不变的某一地区,指数不变;

　　　$K_2$——系数。

泵站的运行费用主要是电费,常用下面的公式计算:

$$Y_{pj} = \frac{K_3\,Q_{pj}H_{pj}Z_j}{\eta_j}\sigma_j t_j \tag{5.16}$$

式中: $Y_{pj}$——泵站运行费用;

　　　$Q_{pj}$——泵站流量;

　　　$Z_j$——泵站电能变化系数;

　　　$\sigma_j$——电度电价,元/(kW·h);

　　　$\eta_j$——泵效率;

　　　$t_j$——泵站年运行时间,h/a;

　　　$K_3$——系数。

## 5.3　分质截流模型构建

首先进行城市功能区域的划分,即把一个城市划分为几个功能区域,如居民区、工业区、商业区、旅游区、混合区等。每个功能区域混合后的水质可以应用 SWMM 模型或者其他模型来模拟计算,也可以根据历年的经验来确定。排入河中的溢流污水水质、水量可由水质模型来约束,截流雨污混合污水水量可由城市改造经济资金来约束。然后在此基础上提出分质截流模型并确定分质截流时的截流倍数。分质截流模型的基本方程如下:

$$\begin{cases} c_{COD1}Q_1 + c_{COD2}Q_2 + c_{COD3}Q_3 + \cdots + c_{CODn}Q_n = c_{COD}Q \\ c_{TN1}Q_1 + c_{TN2}Q_2 + c_{TN3}Q_3 + \cdots + c_{TNn}Q_n = c_{TN}Q \\ c_{TP1}Q_1 + c_{TP2}Q_2 + c_{TP3}Q_3 + \cdots + c_{TPn}Q_n = c_{TP}Q \\ \cdots\cdots\cdots\cdots \\ c_{N1}Q_1 + c_{N2}Q_2 + c_{N3}Q_3 + \cdots + c_{Nn}Q_n = c_N q \end{cases} \quad (5.17)$$

式中:$c_{CODn}$——第 $n$ 个区域的溢流污水 COD 浓度,$n = 1,2,3,\cdots$;

$c_{TNn}$——第 $n$ 个区域的溢流污水 TN 浓度,$n = 1,2,3,\cdots$;

$c_{TPn}$——第 $n$ 个区域的溢流污水 TP 浓度,$n = 1,2,3,\cdots$;

$c_{COD}$——受纳水体排入溢流水量 $Q$ 时的 COD 浓度;

$c_{TN}$——受纳水体排入溢流水量 $Q$ 时的 TN 浓度;

$c_{TP}$——受纳水体排入溢流水量 $Q$ 时的 TP 浓度;

$c_N$——受纳水体排入溢流水量 $Q$ 时的不同于以上的水质指标的其他指标浓度,如 BOD,NH$_3$-N,SS,DO 等;

$c_{Nn}$——第 $n$ 个区域的溢流污水的第 $N$ 个水质指标的其他指标浓度;

$Q_n$——第 $n$ 个区域的溢流水量,$n = 1,2,3,\cdots$;

$Q$——排入受纳水体的溢流总水量。

以上分质截流模型是应用溢流污水水质水量来计算的,适用于老城区合流管网的改造。应用溢流污水水质水量来计算时,分质截流模型方程中每个划分功能区域的溢流污水水质指标,即 $c_{CODn}$,$c_{TNn}$,$c_{TPn}$ 可由数学模型根据当地相关材料模拟计算得出,或者根据经验来确定。总的溢流污水混合

后的水质指标 $c_{COD}$, $c_{TN}$, $c_{TN}$ 也可由 SWMM 模型等相关数学模型根据当地有关材料模拟计算得出,或者根据经验来确定。溢流污水的溢流量 $Q$ 的确定是分质截流模型构建的关键,可由河流水质模型和规划设计书以及经济效益来综合约束取值。对于靠近河流或者海洋的城市,溢流流量可以综合考虑海洋的水质模型和资金来确定,对于远离受纳水体的城市改建或扩建,溢流污水水量的确定可以先应用管道水质模型,再应用河流水质模型来计算水环境容量,最后综合考虑费用确定溢流流量。

## 5.4　分质截流模型求解

根据城市功能区域的划分可以列出方程组(5.17),方程的系数是污水水质,如 COD,BOD,TP,TN,NH$_3$-N,SS,DO 等的浓度。方程的选择依据是污水水质,即选择几种对污水水质影响较大的指标来列方程,并可应用矩阵来解方程。由于方程是根据城市功能区域划分来列的,方程的个数和功能区域的个数不同,方程组的解法也不同,主要有以下 3 种解法。

设城市划分为 $n$ 个功能区域,根据水质参数列出 $m$ 个方程,此方程组为非齐次线性方程组。

① 当 $n > m$ 时,其增广矩阵 $\tilde{A}$ 如下:

$$\tilde{A} = \begin{bmatrix} c_{COD1} & c_{COD2} & c_{COD3} & \cdots & c_{CODn} & c_{COD} \times Q \\ c_{TN1} & c_{TN2} & c_{TN3} & \cdots & c_{TNn} & c_{TN} \times Q \\ c_{TP1} & c_{TP2} & c_{TP3} & \cdots & c_{TPn} & c_{TP} \times Q \\ \vdots & \vdots & \vdots & & \vdots & \vdots \\ c_{m1} & c_{m2} & c_{m3} & \cdots & c_{mn} & c_m \times Q \end{bmatrix} \rightarrow \begin{bmatrix} c'_{COD1} & c'_{COD2} & c'_{COD3} & \cdots & c'_{CODn} & c'_{COD} \times Q \\ 0 & c'_{TN2} & c'_{TN3} & \cdots & c'_{TNn} & c'_{TN} \times Q \\ 0 & 0 & c'_{TP3} & \cdots & c'_{TPn} & c'_{TP} \times Q \\ \vdots & \vdots & \vdots & & \vdots & \vdots \\ 0 & 0 & 0 & 0 & 0 & c'_m \times Q \end{bmatrix}$$

经过初等变换后的方程先解出一个特殊解 $\boldsymbol{\eta}_0 = (a_1, a_2, \cdots, a_n)$,然后解非齐次方程组对应的线性方程组。设其有 $r$ 个基础解系,分别为 $\boldsymbol{\xi}_1, \boldsymbol{\xi}_2, \cdots, \boldsymbol{\xi}_r$,则该方程组的解为 $\boldsymbol{x} = k_1\boldsymbol{\xi}_1 + k_2\boldsymbol{\xi}_2 + \cdots + k_r\boldsymbol{\xi}_r + \boldsymbol{\eta}_0$ 其方程组的解有无穷多个。对于无穷多个解时具体要取哪些值,则需要考虑经济约束条件,同时还要考虑受纳水体约束条件,合理选择最优解。可以编制程序输入经济和受纳水体两个约束条件来求解模型,选出最优解之后可以确定每个功能区域的溢流污水水量 $Q_1, Q_2, Q_3, \cdots, Q_n$。

② 当 $n = m$ 时,方程组的增广矩阵 $\widetilde{A}$ 如下:

$$\widetilde{A} = \begin{bmatrix} c_{COD1} & c_{COD2} & c_{COD3} & \cdots & c_{CODn} & c_{COD} \times Q \\ c_{TN1} & c_{TN2} & c_{TN3} & \cdots & c_{TNn} & c_{TN} \times Q \\ c_{TP1} & c_{TP2} & c_{TP3} & \cdots & c_{TPn} & c_{TP} \times Q \\ \vdots & \vdots & \vdots & & \vdots & \vdots \\ c_{n1} & c_{n2} & c_{n3} & \cdots & c_{nn} & c_n \times Q \end{bmatrix} \rightarrow \begin{bmatrix} c'_{COD1} & c'_{COD2} & c'_{COD3} & \cdots & c'_{CODn} & c'_{COD} \times Q \\ 0 & c'_{TN2} & c'_{TN3} & \cdots & c'_{TNn} & c'_{TN} \times Q \\ 0 & 0 & c'_{TP3} & \cdots & c'_{TPn} & c'_{TP} \times Q \\ \vdots & \vdots & \vdots & & \vdots & \vdots \\ 0 & 0 & 0 & \cdots & 0 & c_n n \times Q \end{bmatrix}$$

系数矩阵 $A$ 是方阵,可以用克莱姆法则求解方程,也可用逆矩阵的方法解方程,方程有且仅有唯一解。常用的比较简单的解方程的方法是逆矩阵法。对增广矩阵进行行变换,可将增广矩阵变换成上三角形的形式或者下三角形的形式,这样可以直接求解方程组,求出每个功能区域的溢流污水水量 $Q_1, Q_2, Q_3, \cdots, Q_n$。

③ 当 $n < m$ 时,即城市划分的功能区域的个数小于水质参数时,就要求更精细地划分功能区域,如果功能区域的划分不细,那么溢流污水主要参考的水质参数将有部分指标超过预计值,排放到受纳水体中,使得分质截流模型的应用达不到理想的效果,此时需增加污水污染指标选取的数量。

运用分质截流模型解出每个功能区域的溢流污水水量 $Q_1, Q_2, Q_3, \cdots, Q_n$ 的值时,可能出现以下两种情况:① $Q_1 + Q_2 + Q_3 + \cdots + Q_n > Q_\text{总}$,这时需按比例来计算 $Q_1, Q_2, Q_3, \cdots, Q_n$ 的值,即先求出 $Q_1 : Q_2 : Q_3 : \cdots : Q_n$,然后再由 $Q_1 + Q_2 + Q_3 + \cdots + Q_n = Q_\text{总}$,重新计算 $Q'_1, Q'_2, Q'_3, \cdots, Q'_n$ 的值,则 $Q'_1, Q'_2, Q'_3, \cdots, Q'_n$ 值为最终各个功能区溢流污水量;② $Q_1 + Q_2 + Q_3 + \cdots + Q_n < Q_\text{总}$,这时也需先按比例来计算 $Q_1, Q_2, Q_3, \cdots, Q_n$ 的值,即先求出 $Q_1 : Q_2 : Q_3 : \cdots : Q_n$,然后再由 $Q_1 + Q_2 + Q_3 + \cdots + Q_n = Q_\text{总}$,从新计算 $Q''_1, Q''_2, Q''_3, \cdots, Q''_n$ 的值。如果分质截流模型的解有负数,则需调整各个功能区的溢流流量,减小相应数值,重新计算,也可借助计算机编制相应程序来求解分质截流模型。

计算出溢流污水量后,结合历年降雨资料计算总的水量,即可求出截流污水量;而结合当地的相关资料可求出每个区域的旱季污水流量。这时,根据截流倍数的定义确定每个区域的截流倍数,即利用截流倍数 = 截流污水量/旱季雨水量 −1,可以求出每个划分区域的截流倍数。计算数值小于 1 时,取截流倍数为 1;计算数值大于 1 时根据情况而定,接近整数时取整数,否则取 1.5,2.5,3.5 等。

## 5.5　分质截流技术应用实例

### 5.5.1　示范区概况

镇江市位于富饶的长三角地区,由于人口密集,机动车辆多,导致地表累积污染物成分复杂。随着人口、车辆数量的持续增长,地表污染物激增,造成初期雨水溢流污染严重,主要是初期雨水冲刷地表造成的城市溢流污染。面源污染严重、溢流污染难以控制的原因是面源污染具有分散性、随机性、不确定性的特点。根据调查显示,城市水体中 BOD 与 COD 总含量的 40%～80% 来自城市溢流污染,在降雨较多的年份,这个数值将达到 90%～94%。镇江市属于沿江型城市和河网地区城市,地表径流带来的溢流污染已经成为城市水体污染的主要来源之一。

镇江市古运河示范区位于古运河中段区域,东起经十二路,北到学府路—京砚山南,西至原焦化专线,南至丁卯桥路—纬一路—谷阳路—丁卯桥路。示范区面积 7.8 km²,其中古运河自铁路桥至经十二路,河道长度 4.24 km。古运河示范区有两条河污水汇入古运河中,分别是周家河和四明河。周家河承担南山东南侧的污水排泄功能,沿线有 11 个污水排放口,周家河旱流污水总量共计约 5 018 m³/d。四明河则承担官塘桥镇和丁卯桥南的污水排放,沿线有 12 个污水排放口,四明河旱流污水总量共计约 6 436 m³/d。古运河各排口旱流污水排放总量介于 8 871～16 308 m³/d,平均排放总量为 12 008 m³/d,沿线有 19 个污水排放口。根据实际监测数据计算得出,示范工程运行期间 2011 年 6 月至 11 月,共计产生降水 37 场,合计产生溢流合流污水为 1 782 082 m³,示范工程截流合流污水合计 710 663 m³,合计流量为 2 492 745 m³。因此设计示范区降雨时溢流污水总量为 70 000 m³/d。示范工程实施的示范区旱季污水总量约为 23 462 m³/d。

工程地点:古运河中段(中山桥—经十二路)及其主要支流周家河、四明河口。

具体示范区域如图 5.4 所示。

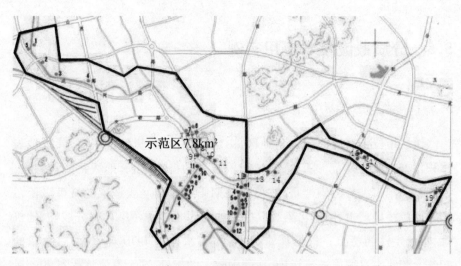

**图5.4 示范区区域范围**

具体排放口位置见表5.1,表5.2和表5.3。

**表5.1 古运河中段示范区排口情况**

| 排口编号 | 管径 $D$/mm | 汇水区域 |
|---|---|---|
| 1 | 400 | 聋哑学校片区 |
| 2 | 400 | 聋哑学校片区 |
| 3 | 400 | 河西岸住宅楼 |
| 4 | 400 | 河东岸住宅楼 |
| 5 | 800 | 枫林湾 |
| 6 | 700 | 枫林湾 |
| 7 | 500 | 沃尔玛 |
| 8 | 1000 | 沃得社区 |
| 9 | 700 | 丁卯路 |
| 10 | 700 | 丁卯路 |
| 11 | 1000 | 谷阳路 |
| 12 | 1200 | 谷阳路 |
| 13 | 500 | 纬七路 |
| 14 | 1200 | 镇江一中 |
| 15 | 500 | 四季经典住宅区 |
| 16 | 400 | 学林雅郡住宅区 |
| 17 | 700 | 香江名城社区 |
| 18 | 800 | 东城绿洲社区 |
| 19 | 700 | 镇江机电高职 |

表 5.2　周家河示范区排口情况

| 排口编号 | 管径 $D$/mm | 平均日排水量/t | 汇水区域 |
|---|---|---|---|
| 1 | 500 | 864 | 锚链厂 |
| 2 | 300 | 144 | 新航铸造 |
| 3 | 300 | 144 | 涂料厂 |
| 4 | 水沟 | 450 | 五凤口村 |
| 5 | 水沟 | 864 | 五凤口村 |
| 6 | 水沟 | 1 022 | 伏氏商贸 |
| 7 | 500 | 14 | 美意家园 |
| 8 | 300 | 42 | 美意家园 |
| 9 | 300 | 43 | 美意家园 |
| 10 | 400 | 29 | 美意家园 |
| 11 | 500 | 1 367 | 丁卯桥路 |
| 合计 | | 4 983 | |

表 5.3　四明河示范区排口情况

| 排口编号 | 管径 $D$/mm | 平均日排水量/t | 汇水区域 |
|---|---|---|---|
| 1 | 1000 | 1 496 | 丁卯桥农贸市场 |
| 2 | 600 | 583 | 钢材市场 |
| 3 | 800 | 720 | 锦绣花园 |
| 4 | 250 | 144 | 钢材市场 |
| 5 | 1000 | 462 | 古桥名苑 |
| 6 | 300 | 288 | 严岗村 |
| 7 | 500×1000* | 356 | 柴油机厂 |
| 8 | 400 | 244 | 柴油机厂 |
| 9 | 800 | 864 | 电控厂 |
| 10 | 250 | 425 | 造船机械厂 |
| 11 | 800 | 432 | 四建公司 |
| 12 | 800 | 421 | 金谷东路 |
| 合计 | | 6 435 | |

注：*表示水渠的宽度和深度。

根据实际监测数据统计计算,得出了示范工程运行期间 2011 年 6 月至 11 月,其中 6 座溢流口的溢流量和截流量,结果如下:西门桥溢流口 37 场降水总计溢流量 11 584 $m^3$、截流量 36 026 $m^3$;中山桥溢流口 37 场降水总计溢流量 20 866 m³、截流量 98 665 m³;黎明河溢流口 37 场降水总计溢流量 352 210 m³、截流量 185 570 m³;虎踞桥溢流口 37 场降水总计溢流量 23 475 m³、截流量 34 222 m³;塔山桥溢流口 37 场降水总计溢流量 661 257 m³、截流量 196 380 m³;铁路桥综合示范截流井 37 场降水总计溢流量 712 690 m³、截流量 159 800 m³。2011 年 6 月至 11 月,37 场降水示范区总计产生溢流污水 1 782 082 m³,示范工程总截流量为 710 663 m³,合流污水量为 2 492 745 m³。

综上所述,设计示范区雨季时溢流污水总量为 117 000 m³/d,示范工程实施的示范区旱季污水总量为 235 000 m³/d。

## 5.5.2　示范区污染负荷分析

通过水专项课题组全体成员努力调查分析示范工程示范区域的水质、水量资料,确定 SWMM 模型相关参数如下:因为建模区域位于主城区,城市化程度较高,故不透水面积选择在 70% ~90%,初始参数值设为 75%;没有洼蓄的不透水面积选择在 5% ~20%,初始参数值设为 15%。查阅大量文献后,借鉴相关资料的建议值取值:不透水区的洼蓄量取值为 2 ~5 mm,透水区的洼蓄量取值为 3 ~10 mm。此外,Linsley 等建议在无资料的情况下,可采用如下数据:透水地面 6.35 mm,不透水地面 1.587 5 mm;使用的最大洼蓄量,沙土为 0.508 mm,壤土为 3.81 mm,黏土为 2.54 mm。

这次研究中,参考国内各类相关研究文献,结合当地情况,综合评定,确定了霍顿公式的初始值参考:最大入渗率为 762 mm/h,最小入渗率为 3.18 mm/h,衰减系数为 0.000 6。本研究区域的排水管道为混凝土管道,管道粗糙系数取值为 0.013 ~0.015;透水区曼宁粗糙系数取值为 0.015,不透水区曼宁粗糙系数取值为 0.030。通过监测实际管道中污水各污染物浓度,计算出平均值作为旱季流量污染物浓度,分别为 TSS 浓度 200 mg/L、COD 浓度 350 mg/L,TN 浓度 35 mg/L ,TP 浓度 4 mg/L。模型模拟计算采用动力波法,计算时间步长为 15 s。地表污染物累积模型参数及冲刷模型参数综合相关文献的取值范围。图 5.5 至图 5.9 是运用相关模型模拟分析 $n_0 = 0.5$, $n_0 = 1.0$,$n_0 = 1.5$ 时,溢流口污染负荷变化情况。

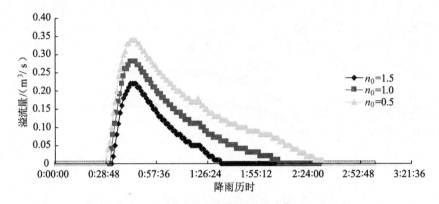

图 5.5　不同截流倍数溢流口溢流量变化过程

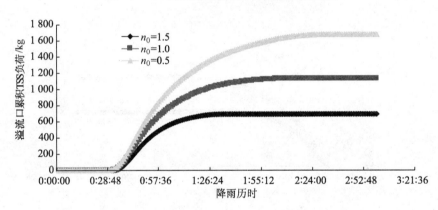

图 5.6　不同截流倍数溢流口累积 TSS 负荷变化过程

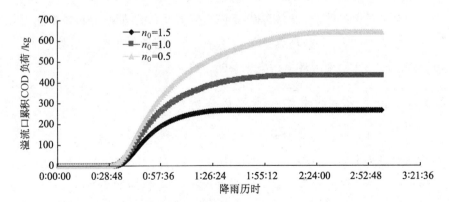

图 5.7　不同截流倍数溢流口累积 COD 负荷变化过程

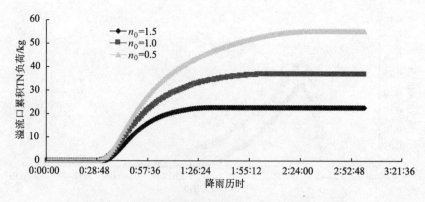

**图 5.8　不同截流倍数溢流口累积 TN 负荷变化过程**

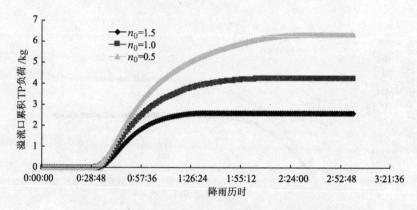

**图 5.9　不同截流倍数溢流口累积 TP 负荷变化过程**

　　针对老城区的改造,根据 SWMM 模型模拟计算的结果,分析得出随着截流倍数取值的增大,污染物累计负荷逐渐减小,因此得出截流倍数越大,合流管网溢流污水对附近环境污染越小的结论。

### 5.5.3　古运河受纳水体水质现状分析

　　镇江市处于亚热带湿润季风气候区,年平均气温在 14.2～15.3 ℃,历年平均降雨量为 1 051.2 mm,降水多集中在 5—9 月,多年 5—9 月平均降水量约为 669.5 mm,年最大日降雨量达 254.8 mm。古运河宽为 20～30 m,水深 0.5～5 m,流量为 1.3～16.40 $m^3/s$,平均流速为 0.1～0.4 m/s,开闸时江水倒灌,已基本失去航运功能,是城市景观的一部分。古运河段设置 3 个监测断面,分别为京口闸、南水桥、丹徒镇。2009 年监测结果显示:古运河水质

BOD 浓度为 9 mg/L, COD 浓度为 18 mg/L, DO 浓度为 5 mg/L。通过调研当地检测数据可知：古运河河道长 4.24 km, 沿河道有 19 个排污口,还有两条河汇入古运河,平均每个排污口相距 202 m。实测数据显示,示范区始末两个断面 BOD 浓度分别为 11 mg/L 和 9 mg/L。

综上所述,古运河平均流速为 0.4 m/s,平均水温 20 ℃,平均水深为 3 m,示范区域始末两个断面 BOD 浓度分别为 11 mg/L 和 9 mg/L。古运河水质 BOD 浓度为 9 mg/L, COD 浓度为 18 mg/L, DO 浓度为 5 mg/L,还不满足水体功能三类水质标准,即 $BOD \leqslant 4$ mg/L, $COD \leqslant 20$ mg/L, $DO \geqslant 5$ mg/L。

## 5.5.4　分质截流模型约束条件

### 1. 经济约束条件

根据镇江当地资料,示范区旱季流量约 23 500 m³/d。当 $n = 1.0$ 时,

$$Q_{截流} = 23\ 500 \times 2 = 47\ 000\ \text{m}^3/\text{d} = 4.7 \times 10^4\ \text{m}^3/\text{d}$$

污水处理工艺选择污水全部一级处理后,部分污水二级处理,部分污水排至消毒池,污泥消化脱水处理。

① 污水处理厂的建造和运行管理费用选用公式 $C = 9Q^{0.657} + 22Q^{0.657}\eta^{1.7}$,则

$$C = 9 \times 4.7^{0.675} + 22 \times 4.7^{0.675} \times 0.95^{1.7} = 82.89\ \text{万元}$$

② 泵站投资费用

$$f = 86.885 \times 4.7^{0.8378} = 317.71\ \text{万元}$$

③ 根据示范工程管径选取计算排水管道工程造价,总造价如下：

$$C_{总} = 562 \times (0.74 + 0.74 + 0.65 + 0.83) + 3\ 727 \times 0.61 +$$
$$2\ 221 \times (1 + 1.83) + 1\ 434 \times 0.65 = 10\ 654\ \text{元}$$

总费用

$$S = 82.89 + 317.71 + 1.07 = 401.67\ \text{万元}$$

当截流倍数为 2.0 时,截流污水量增大,排水管道也要相应增大,泵站费用也会增加。根据资料显示,截流倍数增加 1 倍时,总投资将会增加 10%,则总费用增加至 441.84 万元。当截流倍数为 3.0 时,总投资将比截流倍数为 2.0 时增加 19%,总费用增加至 525.79 万元。因为示范工程计划投资不超过 430 万元,因此选择示范区域整体截流倍数为 1.0。

2. 受纳水体水质约束条件

示范区资料显示,污染物在管道内输送的时间短,因此可忽略污染物在管道中的迁移转化。假设污水排入古运河后迅速与河水混合均匀,则可忽略弥散系数。

采用始末两点法估算 $K_1$,即

$$K_1 = \frac{86\,400u}{\Delta x} \ln \frac{C_{BOD,A}}{C_{BOD,B}}$$

式中: $u$——平均流速;

$C_{BOD,A}$——A 断面 BOD 浓度;

$C_{BOD,B}$——B 断面 BOD 浓度;

$K_1$——BOD 衰减系数;

$K_2$——河流复氧系数;

$\Delta x$——排污口之间的距离。

平均每个排污口相距 202 m,平均流速为 0.4 m/s,根据实测数据,始末两个侧面 BOD 浓度分别为11 mg/L 和 9 mg/L。

解之得

$$K_1 = 1.63 \text{ d}^{-1}$$

取平均水温为 20 ℃,

$$C_z = \frac{1}{n} h^{\frac{1}{6}}$$

式中: $n$——河床粗糙率;

$h$——平均水深;

$C_z$——谢才系数。

计算得 $C_Z = 54.59 > 17$,取大于 17 时的计算公式,$K_2 = \frac{294(D_m v_x)^{0.5}}{h^{1.5}}$(其中,$D_m$ 为分子扩散系数;$v_x$ 为平均流速;$h$ 为平均水深)。参数 $n$ 约为 0.022,$h = 3$ m,计算得 $K_2 = 0.472\,6 \text{ d}^{-1}$。根据资料收集得古运河水质 $BOD = 9$ mg/L,$COD = 18$ mg/L,$DO = 5$ mg/L。古运河需要满足景观用水三类水质标准,即 $BOD \leqslant 4$ mg/L,$COD \leqslant 20$ mg/L,$DO \geqslant 5$ mg/L。

污染物在受纳水体古运河中迁移转化选用 S - P 水质模型计算,其基本形式如下:

$$u \frac{dL}{dx} = K_S \frac{d^2 L}{dx^2} - K_1 L$$

$$u \frac{dC}{dx} = K_S \frac{d^2 C}{dx^2} - K_1 L + K_2 (C_S - C)$$

$$L(x)\big|_{x=0} = L_0,\ L(\infty) = 0$$

$$C(x)\big|_{x=0} = C_0,\ C(\infty) = C_S$$

式中: $L$——$x$ 处河水中的 BOD 浓度,mg/L;

　　　$C$——$x$ 处河水中的溶解氧浓度,mg/L;

　　　$C_S$——河水某温度时的饱和溶解氧浓度,mg/L;

　　　$u$——河水的平均流速,m/s;

　　　$K_1$——BOD 衰减系数,$d^{-1}$;

　　　$K_2$——河流复氧系数,$d^{-1}$;

　　　$K_S$——河流弥散系数,$m^2/s$。

20 ℃时,$K_1 = 1.63\ d^{-1}$,$K_2 = 0.47\ d^{-1}$,忽略 $K_S$。由此解得,在平均水温 20 ℃的条件下,初始断面 BOD 的平均浓度为 11 mg/L,河流饱和溶解氧浓度为 9.8 mg/L,断面溶解氧浓度为 0.5 mg/L,则

$$L = 11 e^{-\frac{1.63 \times 202}{0.4}} \approx 0\ mg/L$$

$$C = C_S - (C_S - C_0) e^{\frac{-K_1 x}{u}} + \frac{K_1 L_0}{K_1 + L_0} (e^{\frac{-K_1 x}{u}} - e^{\frac{-K_2 x}{u}})$$

$$= 9.8 - (9.8 - 0.5) e^{-\frac{1.63 \times 202}{0.4}} +$$

$$\frac{1.63 \times 9}{1.63 + 9} (e^{\frac{-1.63 \times 202}{0.4}} - e^{\frac{-0.47 \times 202}{0.4}})$$

$$\approx 9.8\ mg/L$$

假设溢流水量全部溢流到古运河,则混合水质为

$$COD_h = \frac{420 \times 1.35 + 18 \times 15}{1.35 + 15} = 51.19\ mg/L$$

运用 S - P 水质模型计算在下一个排污口位置古运河中 COD 浓度为

$$L_1 = 51.19 e^{-\frac{1.63 \times 202}{0.4}} \approx 0\ mg/L,$$ 因此,溢流污水为 117 000 $m^3$/d 时,古运河可实

现 COD 污染自净,同理也可实现 TP,NH₃-N 自净。

由以上可知,溢流水量对古运河影响不大,在其自净能力范围内,所以主要考虑经济改造资金。当截流倍数为 1.0 时,既满足经济要求又满足受纳水体要求。当截流倍数为 2.0 时,虽然受纳水体水质会更好,但耗资超过城市改造资金预算,因此示范区域总截流水量取截流倍数为 1.0。当截流倍数为 1.0 时,溢流污水量为 70 000 m³/d。

### 5.5.5　分质截流系统设计

将示范区划分成 3 个区域,即居住区、商业区、工业区。周家河所承担南山东南侧的污水排放区域划分为居住区 1。四明河承担的官塘桥镇和丁卯桥南污水的区域划分为工业区,工业区以东至经十二路划分为居住区 2。其他部分划分为商业区。具体地形划分如图 5.10 所示。

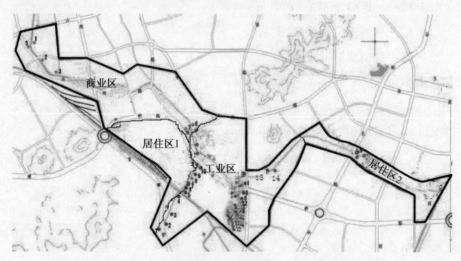

**图 5.10　示范区域划分**

经调查分析得知,居住区 1 和居住区 2 水质相似,基本都是生活污水,由于地理位置不接壤,所以划分为 2 个区域,但两区域溢流污水水质相似,模拟计算时可以视为一个区域,面积叠加计算即可,因此以下将居住区 1 和居住区 2 统称为居住区。

根据当地区域的划分,搜集相关资料,查找经验数据,检测相应监测点,选用 COD,TN,TP 3 个水质指标作为计算分质截流模型的数据。2011 年 6

月至 11 月,3 个区域的水质如图 5.11 至图 5.13 所示。

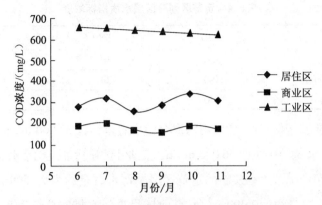

图 5.11　居住区、商业区、工业区 COD 浓度

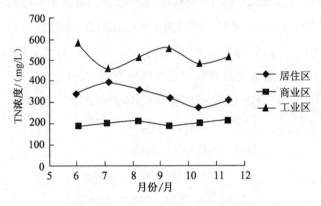

图 5.12　居住区、商业区、工业区 TN 浓度

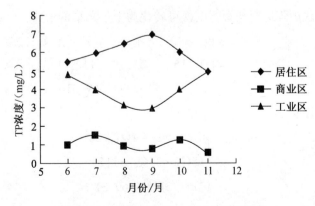

图 5.13　居住区、商业区、工业区 TP 浓度

取每个功能区域溢流污水的平均值,结果见表 5.4。

**表 5.4 示范区划分区域水质指标浓度** mg/L

|  | COD | TN | TP |
|---|---|---|---|
| 居住区 | 300 | 30 | 6 |
| 商业区 | 180 | 20 | 1 |
| 工业区 | 630 | 45 | 4 |

调查显示,雨季时居住区雨污混合污水总量约计 37 000 m³/d,商业区雨污混合污水总量约计 36 000 m³/d,工业区雨污混合污水总量约计 44 000 m³/d。示范工程实施的示范区旱季污水总量约为 23 500 m³/d,居住区旱季污水总量约计 7 300 m³/d,商业区旱季污水排放总量为 8 700 m³/d,工业区旱季污水排放总量约计 7 500 m³/d。因为示范区雨季时雨污混合污水总量为 117 000 m³/d,当总截流倍数为 1.0 时,溢流污水总量为 $11.7 - 2.35 \times 2 = 7$ 万 m³/d。雨污混合污水的水质为 $COD = 420$ mg/L, $TN = 36$ mg/L, $TP = 4$ mg/L时,根据分质截流模型可以列出下列方程组:

$$\begin{cases} 300Q_1 + 180Q_2 + 630Q_3 = 420 \times 7 \\ 30Q_1 + 20Q_2 + 45Q_3 = 36 \times 7 \\ 6Q_1 + Q_2 + 4Q_3 = 4 \times 7 \end{cases}$$

$$\tilde{A} = \begin{bmatrix} 300 & 180 & 630 & 420 \times 7 \\ 30 & 20 & 45 & 36 \times 7 \\ 6 & 1 & 4 & 4 \times 7 \end{bmatrix}$$

将系数矩阵进行初等行变换可转化为上三角形的形式:

$$\tilde{A} = \begin{bmatrix} 6 & 1 & 4 & 28 \\ 0 & 15 & 25 & 112 \\ 0 & 0 & 213.33 & 569.31 \end{bmatrix}$$

因此有

$$\begin{cases} 6Q_1 + Q_2 + 4Q_3 = 28 \\ 15Q_2 + 25Q_3 = 112 \\ 213.33Q_3 = 569.31 \end{cases}$$

解得

$$\begin{cases} Q_1 = 2.38 \\ Q_2 = 3.02 \\ Q_3 = 2.67 \end{cases}$$

由于 $Q_1 + Q_2 + Q_3 = 8.07 > 7$，所以应按比例计算求解。

$Q_1 : Q_2 : Q_3 = 1 : 1.268\ 9 : 1.121\ 8$，又 $Q = 7$，即 $Q_1 + Q_2 + Q_3 = 7$，则有 $Q_1 = 2.06$ 万 $m^3/d$，$Q_2 = 2.62$ 万 $m^3/d$，$Q_3 = 2.32$ 万 $m^3/d$，即居住区的溢流水量是 2.06 万 $m^3/d$，商业区的溢流水量是 2.62 万 $m^3/d$，工业区的溢流水量是 2.32 万 $m^3/d$。从计算结果可以看出，商业区的溢流污水水量最大，居住区的溢流污水水量最小，商业区的水质相对 3 个区域来说污染最轻，溢流水量也最大，符合污染较轻的污水多排入受纳水体，污染较重的污水多排入污水处理厂的宗旨。

查阅示范区当地相关材料，可分别得出 3 个区域的旱季流量和污水总量。居住区雨季时雨污混合污水总量共计约 3.7 万 $m^3/d$，旱季污水排放总量共计约 0.73 万 $m^3/d$，所以居住区的截流倍数 $n_1 = \dfrac{3.7 - 2.06}{0.73} - 1 = 2.25 - 1 = 1.25$；商业区雨季时雨污混合污水总量共计约 3.6 万 $m^3/d$，旱季污水排放总量为 0.87 万 $m^3/d$，所以商业区的截流倍数 $n_2 = \dfrac{3.6 - 2.62}{0.87} - 1 = 1.13 - 1 = 0.13$；工业区雨季时雨污混合污水总量共计约 4.4 万 $m^3/d$，旱季污水排放总量共计约 0.75 万 $m^3/d$，所以工业区的截流倍数 $n_3 = \dfrac{4.4 - 2.32}{0.75} - 1 = 2.77 - 1 = 1.77$。根据以上计算结果，居住区的截流倍数取 1.5，商业区的截流倍数取 1.0，工业区的截流倍数取 2.0。

从数据上看，商业区溢流污水水量最多，相对来说污水污染程度也最轻，因此分质截流模型主要作用有两点：① 在环境容量内，将污染严重的功能区域的污水尽量多的截流，而污染相对较轻的功能区的污水少截流多溢流。② 平衡各项污染指标。应用分质截流模型后各个功能区域的溢流污水满足总溢流污水在水体中可以自净，对环境污染小，而且各项污染指标（COD，BOD，SS，TN，TP 等）都不超过水体自净能力。

### 5.5.6　示范工程实施效果

本示范工程实施前后古运河水质的变化可以间接证明其运行效果。

古运河段设置 3 个监测断面,分别为京口闸、南水桥、丹徒镇,在示范工程改造工程实施前、中、后,分别选择晴天和雨天进行监测,监测项目为生化需氧量、化学需氧量、溶解氧。2009 年监测结果如下: $BOD = 9$ mg/L, $COD = 18$ mg/L, $DO = 5$ mg/L。2009—2011 年对古运河监测断面监测结果如图 5.14 所示。

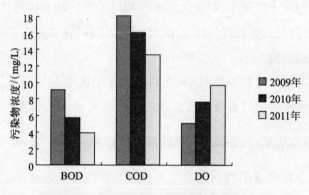

**图 5.14　2009—2011 年古运河综合水质分析**

由图 5.14 可以看出,古运河综合污染指数呈逐年下降趋势。其中,BOD 浓度和 COD 浓度逐年下降,至 2011 年 BOD 浓度同比下降 57.11%,COD 浓度同比下降 24.80%;溶解氧浓度呈逐年上升趋势,至 2011 年溶解氧浓度约为 10 mg/L。改造工程实施后,古运河水质达到《国家地表水浓度环境质量标准》中三类水质标准,即 $BOD \leqslant 4$ mg/L, $COD \leqslant 20$ mg/L, $DO \geqslant 5$ mg/L。因此,分质截流技术在示范工程控制古运河水体污染中起到一定的作用,示范区域古运河水质呈好转趋势,2011 年水质明显好于 2009 年。总之,分质截流系统在合流管网溢流污染控制中具有一定的实际应用价值,有助于控制溢流污水,减轻受纳水体污染负荷,进而减轻水体污染。

# 第6章

# 合流管网溢流末端控制技术

## 6.1 磁絮凝溢流污染控制技术

### 6.1.1 磁絮凝溢流污染控制技术的开发背景与意义

近年来,生态环境持续恶化,截污减排理念对环境保护技术提出了更高的要求,尤其是溢流污水处理技术方面。随着科技的进步,新的技术不断应用到环保领域,磁场处理污水技术作为一种洁净、节能的新兴技术,必然具有广阔的发展前景。

磁场能够强化絮凝,强化离子交换和吸附等,鉴于磁场的这些特性,国内外一些专家学者进行了磁场强化絮凝工艺的研究,考虑将磁场与絮凝技术联用,以强化絮凝剂的絮凝效果,并通过将絮凝剂负载磁种,再利用磁场对磁种进行回收。磁絮凝技术的提出,为污水处理技术开辟了一个新的发展方向,它具有能耗低、效率高、方便快捷等优点。磁絮凝剂及磁反应器生产所需的物料廉价易得,因此生产成本低,适用于大批量生产,有广阔的市场前景。并且这种反应器能节约絮凝剂的使用量,减少污泥处理费用,还可大幅降低后续处理构筑物的运行费用,有极大的经济效益。

磁场强化絮凝效果是磁絮凝技术的关键,因此研制出一种高效的磁絮凝反应器无疑是重中之重。如上文所述,磁絮凝技术在水处理领域已有应用,但依然存在很大的问题,且目前应用主要集中在磁分离技术上,对磁场强化絮凝的研究基本为空白。本研究通过模拟试验,设计一种新型的磁絮凝反应器,并通过试验确定磁絮凝工艺的最佳工作条件,为磁絮凝的工程化应用提供了理论基础,对我国溢流污水防治具有重要的意义。

### 6.1.2　磁絮凝装置的开发

#### 1. 磁絮凝反应器设计原理

磁絮凝反应器利用磁场效应来改善絮凝工艺的净水效果,并利用磁场、重力作用和固体与液体间的密度差实现固体颗粒的沉淀分离。从搅拌装置进入的絮凝剂、污水混合液在反应器内充分絮凝沉淀,使出水达到水质要求;与此同时,沉降污泥充分浓缩以达到理想的密度,可为后续的磁分离工艺创造条件。因此,该反应器在功能上要同时满足澄清(固液分离)和污泥浓缩(使污泥的含水率降低)两方面的要求,同时因水量、水质时常变化,反应器还要起到暂时贮存污泥的作用。根据这些要求进行如图6.1所示的反应器设计,该反应器主要由产磁线圈和反应容器组成。其工作原理如下:絮凝剂、磁种和污水在高效混合装置中充分混合后从进水管进入磁絮凝反应器,在导流板的导流作用下流体在反应区形成涡流,使絮凝剂与污水中的污染物质得到充分混合与反应,使胶体颗粒脱稳、凝聚为具有良好沉淀性能的矾花后沉淀。反应容器置于匀强磁场中,通过磁场效应改善絮凝条件,强化絮凝效果。上清液从溢流口进入溢流槽至排水口排出。沉淀污泥从底部排泥口排出。

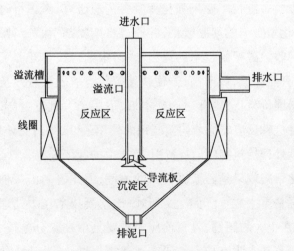

**图6.1　磁絮凝反应器结构**

2. 磁絮凝反应器器体设计

1）设计理论依据

磁絮凝反应器是采用磁场效应来强化絮凝沉淀过程的,因此,其设计依据主要以絮凝沉淀为主。水处理中的沉淀工艺是指在重力作用下悬浮固体从水中分离的过程,所以沉淀所要研究的是固相在液相中的迁移运动。古时候,人们就已懂得利用沉淀工艺达到净水的目的。在现代净水技术中,沉淀仍是应用广泛的处理工艺。从简单的沉砂池预沉,到混凝沉淀和软化后悬浮物的去除以及污泥的浓缩,都属于沉淀工艺。沉淀工艺之所以被广泛采用主要是由于沉淀截流的污泥量大,而且建筑构造简单、管理方便、运营费用较低。

在水处理技术中,根据悬浮液中固体的浓度和颗粒特性,悬浮固体的分离沉降可以分为分散颗粒的自由沉降、絮凝颗粒的自由沉降、拥挤沉淀、压缩沉降几种基本形式。本研究设计的磁絮凝反应器中沉降形式为后 3 种。

（1）絮凝颗粒的自由沉降。在混凝沉淀池中悬浮物大多具有絮凝性能,因而其不再像分散颗粒那样保持沉速不变。当颗粒碰撞而聚集后,沉速加快。

（2）拥挤沉淀。当颗粒浓度增加时,颗粒间的间隙相应减小,颗粒下沉所交换的液体体积的上涌将对周围颗粒的下沉产生影响。当颗粒浓度不太高时,沉淀速度会有一定程度的下降,但颗粒还可保持个别的沉速形式。随着颗粒浓度的继续增大,经过一段时间的平衡,沉速较快的颗粒沉至下层,相应增加了下层的浓度,使下层的上涌速度加大,最终使悬浮液的全部颗粒以接近相同的沉速下沉,形成界面形式的沉降,故又称作层状下降。

（3）压缩沉降。压缩沉降液称为污泥的浓缩。当沉降颗粒积聚在沉淀池的底部后,先沉降的颗粒将承受上部沉积污泥的重量。颗粒间的空隙水将由于压力增加和结构的变形而被挤出,使污泥的浓度升高。因此污泥的浓缩过程也是不断排出孔隙水的过程。

2）反应器器体设计

由上述分析,依据沉淀池对磁絮凝反应器器体进行设计。设计器体平面为圆形,污水由设在反应器中心的进水管自上而下注入反应器中,进水的出口下设伞形挡板,使废水在池中均匀分布,然后沿池的整个断面缓慢上升,并产生旋流。带有磁核的磁性絮体在重力和磁场力作用下沉入池底锥形污泥斗中,澄清水从池上端周围的溢流堰中排出,反应器三视图如图 6.2 所示。

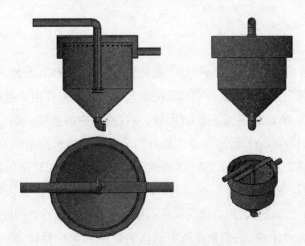

**图 6.2　反应器器体三视图**

　　由于进入沉淀池的水流,在池中停留的时间通常并不相同,一部分水的停留时间小于设计停留时间,很快流出池外,另一部分水的停留时间则大于设计停留时间,这种停留时间不相同的现象称为短流。短流使一部分水的停留时间缩短,得不到充分沉淀,降低了沉淀效率;而另一部分水的停留时间可能很长,甚至出现水流基本停滞不动的死水区,减少了沉淀池的有效容积,从而影响反应器的处理效果。因此,在反应器设计时必须合理确定反应器结构,尽量避免反应器内出现死水区,尽可能强化絮体沉降。

　　3.　磁絮凝反应器磁路设计

　　根据研究要求,选用亥姆霍兹线圈来产生均匀磁场。亥姆霍兹线圈是一对相同的、共轴的、彼此平行的各自密绕 $N$ 匝线圈的圆环电流,它们的间距正好等于其圆环半径 $R$(如图 6.3 所示),取通过两圆形线圈圆心的直线为 $x$ 轴,两圆形线圈圆心之间线段的中点为坐标原点 $O$,每个线圈上通入同方向、同大小的电流 $I$,则每个线圈对轴线上任一点 $P$ 的场强方向将一致。

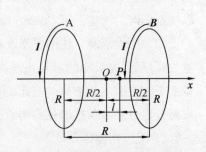

**图 6.3　亥姆霍兹线圈示意图**

　　线圈 A 对点 $P$ 的磁感应强度为

$$B_{\mathrm{A}} = \frac{\mu_0 I R^2 N}{2 \left[ R^2 + \left( \dfrac{R}{2} - l \right)^2 \right]^{3/2}}$$

线圈 B 对点 $P$ 的磁感应强度为

$$B_{\mathrm{B}} = \frac{\mu_0 I R^2 N}{2 \left[ R^2 + \left( \dfrac{R}{2} + l \right)^2 \right]^{3/2}}$$

则点 $P$ 处的磁感应强度为

$$B_l = \frac{\mu_0 I R^2 N}{2 \left[ R^2 + \left( \dfrac{R}{2} - l \right)^2 \right]^{3/2}} + \frac{\mu_0 I R^2 N}{2 \left[ R^2 + \left( \dfrac{R}{2} + l \right)^2 \right]^{3/2}}$$

式中：$\mu_0 = 4\pi \times 10^{-7}$ T·m/A。

　　本研究采用了 5 对圆环形线圈组合的技术方案,每一对线圈两绕组直径、匝数、线径完全相同;各线圈对之间保持线径相同而绕组直径、匝数不同;绕组直径最小的一对线圈居内,其他线圈按直径由小到大从内向外排列;整体组合线圈构成一对同轴、等距、对称、平头锥体形的装置,如图 6.4 所示。

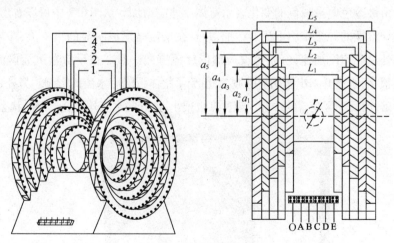

**图 6.4　磁发生器示意图**

　　图 6.4 中,1,2,3,4,5 分别表示 5 对线圈,$L_1 \sim L_5$ 分别表示 5 对线圈间的间距;$a_1, a_2, \cdots, a_5$ 分别表示 5 对线圈的半径;O,A,B,$\cdots$,E 分别表示不同的挡位。设计反应器中每一对线圈两绕组之间串联相接并且独立设置电源

输入端子。在第 5 对线圈附加少量匝数的辅助绕组亦串联相接独立设置电源输入端子;5 对线圈 6 对绕组遵循右手定则,输入电流取向一致。5 对线圈组合装置由内向外,直径逐对增大,环周逐层加宽,形成阶梯错落。这既是为了使每对线圈能满足亥姆霍兹条件(线圈绕组半径 $R$ = 绕组间距 $L$),发挥其均匀区大的优势,又可为已经分解的匝数线圈利用错落的环周开孔散热。

### 6.1.3　磁絮凝反应器模拟与优化

#### 1. 磁絮凝反应器模拟

通过 FLUENT 软件可对上述使用 GAMBIT 所建立的磁絮凝反应器几何模型进行计算。图 6.5 所示为反应器内部的流场分布,图中标尺颜色由最冷色向最暖色的变化表示流速的增加。从图中可以看出,在反应器底部和上部,流体流速较小,而贴着壁面处的流体流速较大。对反应器内压强分布的模拟结果表明,反应器入口及底部的压强较大,随着反应器壁面向上,压力逐渐减小。反应器壁面压力分布如图 6.6 所示。

图 6.7 和图 6.8 分别为反应器剖面流速矢量图和流场迹线图。图中标尺颜色由最冷色向最暖色的变化表示流体流速的增加。从图 6.7 中可以看出,流体在导流板的导流作用下流速增加,并且在反应区形成明显的大旋流,在靠近壁面处出现速度加速区,整个反应器内旋流方向一致。在反应器沉淀区流体流速很小,水流并未出现明显的波动,避免了絮体沉降后水流的影响。另外还可以看出,在反应区旋流的中心水流速度也很小,该处的水流几乎处于停滞状态。

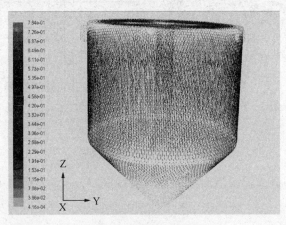

**图 6.5　流场分布图**

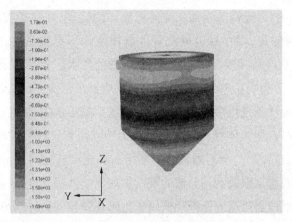

图 6.6　压力分布图

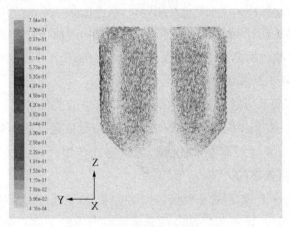

图 6.7　流速分布图

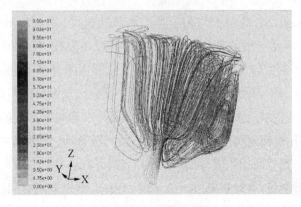

图 6.8　流场迹线图

从图 6.8 中可清晰地看到反应器内流体的运动,在靠近器壁的区域,流体的迹线相对密集,而在靠近进水管处流体迹线不是很密。在涡旋中心出现空洞,即没有流体流动,与流速分析中出现的死水区相符。

通过图 6.7 和图 6.8 可以清楚地看到反应器内部流体的旋流效果。在混合阶段,其主要任务是将混凝剂快速而均匀地扩散于水中,从而使混凝剂得到充分水解与反应,使胶体颗粒脱稳、凝聚,为结成具有良好沉淀性能的矾花打好基础。反应过程是一个絮凝颗粒不断增大和流动速度梯度沿程降低,同时发生颗粒碰撞、凝聚以及剪切分散的复杂物理化学过程,反应条件要随反应的进行而变化,反应器流速应逐渐降低以防止矾花颗粒的破碎。另外,由于反应器内流速相对较小,所以在反应区和沉淀区之间会形成絮体悬浮区,悬浮絮体对水流中的脱稳胶体又产生絮凝作用,最后絮体在重力和磁力作用下沉降。

但在流体旋转过程中,部分流体因流速缓慢而停留在旋流中心,从而形成死水区。在混凝过程中,一些固体絮体也会停留在该区,进而影响絮凝效果。

2. 磁絮凝反应器优化分析

理想的絮凝池应能以最短的絮凝时间、最少的能量消耗达到最好的絮凝效果。为此,在絮凝全过程的任何时刻,都应保证最高的絮凝效率。在絮凝过程中,水力条件对絮凝体的生长起决定性作用,因此合理控制水力条件,是提高絮凝效率的关键。

在紊流条件下,絮凝是小涡旋作用的结果,然而通过对反应器的模拟来看,在流动过程中,水流若只在通过导流板时形成较大的旋流,混凝效果会大大降低。在导流板作用下,流速虽然有所增加,但若水流动力不足,就会使上升流速过小,水流趋于均匀。若进水流速过大,水流的剪切力也就加大,可能会破坏已产生的絮体。另外,通过模拟还发现,反应区形成的死水区大大影响了絮凝效果。因此,为了改善反应器内水流状况,加大反应器内水流扰动程度,避免死水区的影响,在反应器反应区加设两道环状 90°波形折流板,运用折流板缩放或者转弯造成的边界层分离现象所产生的吸附紊流耗能方式,并利用搅流机构形成的水力喷射、微涡漩紊动、角隅涡流综合效应和竖向流形成的絮粒网捕作用,在絮凝池内沿程保持横向均匀、纵向分散地输入微量而足够的能量,有效提高输入能量的利用率,缩短絮凝时间,提高絮凝体沉降性能,从而达到理想的絮凝效果。改进后的反应器如图 6.9 所示。

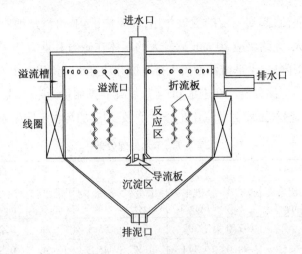

**图 6.9 改进后的磁絮凝反应器**

水流在导流板作用下产生上升流,经过 90°折板时,竖流沿径向速度梯度较大,这样就会形成较小的漩涡,有利于颗粒的碰撞和能量的有效传递、利用,从而提高絮凝效果。同时,由于加设导流板,避免了旋流中心死区,在磁力作用下,又加强了颗粒运动的紊乱程度,使颗粒间碰撞机会增多,有利于絮凝矾花的形成。在 90°波形折流板的波峰和波谷处开有平角,竖板的缓冲作用使得产生的回流漩涡最微弱,能够有效地防止絮体的破坏。

## 6.1.4 反应器处理效果分析

下面对改进后的磁絮凝发应器进行效果验证。实验中采用实验室自制的复合絮凝剂聚硅硫酸铁和磁种为原料,以溢流污水进行絮凝试验。水处理工艺流程如图 6.10 所示。

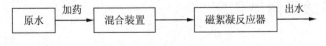

**图 6.10 磁絮凝反应工艺流程**

首先向预先调好 pH 的溢流污水中依次加入絮凝剂和磁种,在混合装置内进行强烈搅拌混合,然后在流动泵作用下以 0.02 m/s 的速度注入磁絮凝反应器并调节磁场发生器,控制磁场强度大小,观察反应器内絮凝情况。实验中发现,污水通过反应器中心处的进水管进入反应器,在挡板的作用下,在反应器反应区形成涡流,起到一定的混匀作用;在反应区内,可清楚地看到有絮体产生并逐渐变大,大约反应 10 min 后较大的絮体在磁力及重力作用下沉降到反应器底部的沉降区,上部澄清液流入排水槽并从排水口流出。出水 1 h 后取出水样进行水质监测分析。在进水 pH =7、絮凝剂投加量为 4 mL/L、磁种投加量为 200 mg/L,磁场强度为 80 mT 的条件下,处理后的污水水质见表 6.1。

**表 6.1　污水处理效果**

| 项目 | SS | | | COD | | | TP | | |
| --- | --- | --- | --- | --- | --- | --- | --- | --- | --- |
| | 进水/<br>(mg/L) | 出水/<br>(mg/L) | 去除率/<br>% | 进水/<br>(mg/L) | 出水/<br>(mg/L) | 去除率/<br>% | 进水/<br>(mg/L) | 出水/<br>(mg/L) | 去除率/<br>% |
| 数<br><br>值 | 237 | 7 | 97.0 | 392 | 176 | 55.1 | 7.28 | 0.25 | 96.5 |
| | 254 | 5 | 98.0 | 344 | 188 | 45.3 | 12.36 | 0.39 | 96.8 |
| | 363 | 12 | 96.7 | 324 | 172 | 46.9 | 10.76 | 0.43 | 96.0 |
| | 499 | 10 | 98.0 | 298 | 132 | 55.7 | 9.36 | 0.33 | 96.5 |

　　由表 6.1 可以看出,该磁絮凝反应器对污水的处理效果较好,SS,COD 及 TP 等污染物的浓度得到了大幅削减,整个絮凝过程仅需 20 min 且产生絮体大而密实,沉降速度快,同时出水水质也较稳定。

　　一般絮凝沉淀池,沉淀时间为 1.5 h,SS 去除率约为 50%,COD 去除率约为 25%。常规混凝沉淀的时间为 40 min,SS 去除率约为 65%,COD 去除率约为 35%,TP 去除率约为 80%,而磁混凝法在 20 min 内 SS 去除率在 95% 以上,COD 去除率在 45% 以上,TP 去除率在 95% 以上,相比一般絮凝工艺有明显的优势。另外,虽然磁混凝法增加了磁场这一能耗,但磁场效应在强化与加速污染物同絮凝剂结合的同时,降低了絮凝时间,提高了絮凝效果。

# 6.2　多级吸附净化床

## 6.2.1　多级吸附净化床的开发背景与意义

　　合流制排水系统的溢流排放是我国地表水污染的主要源头。城市的地表水是城市赖以生存的根本,它不仅提供水源,同时也成为一个城市人文及社会环境的重点,保护城市的地表水源是我国城市化进程中的重要一环。因此,研究合流制排水系溢流污染特性以及相关控制工程措施,对保护城市水环境、提高城市水体的景观功能等具有重要意义。

目前,国内越来越多的研究人员开始关注 CSO 的污染问题,参考国外先进的处理工艺,开发适合中国国情的 CSO 污染控制技术,从而有效地控制合流制沟道系统雨水泵站排放尾水的污染,可以有效防止 CSO 对城市河道的污染,大大提高城市河道的景观功能。

本技术的开发遵循经济、高效、简便、易行的原则。具体地说,工艺应具备基建投资省、运行费用低、节能降耗明显、耐冲击负荷能力强、去除效率高及简便易行、运行稳定、维护管理方便等特点,并且利用当地现有的技术与管理力量就能满足设施正常运行的需要。

## 6.2.2　多级吸附净化床的工作原理

### 1. 技术组成及工作原理

多级吸附净化床技术工艺包括旋流沉砂井和多级吸附净化床。旋流沉砂井内设旋流挡板,井壁安装爬梯,井顶部设检修入孔。多级吸附净化床由生物过滤区、多级吸附净化区、出水区组成,如图 6.11 所示。其中,生物过滤区内填充易于微生物附着的填料层;多级吸附净化区由挡板分隔成多个隔室,每个隔室内填充不同的吸附材料,用以分别去除污水中的有机污染物、氮、磷等,最后一个隔室顶部设置出水堰,出水堰收集处理后的污水排入出水区,出水区连接出水管。

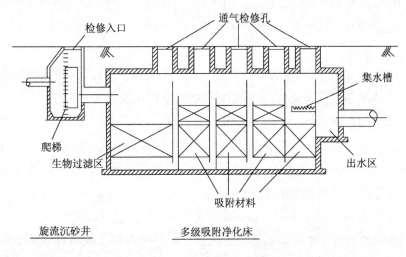

图 6.11　多级吸附净化床装置

污水首先经过旋流沉沙井进行预处理,去除水中的砂粒。接着进入吸附净化床的生物过滤区,该过滤区的滤料层由直径为 3 cm 的塑料球组成,污水进入该池后可去除水中的丝状物质。接着污水通过自然流淌经过多级吸附净化区,最后通过集水槽和出水区流入受纳水体。

2. 常用吸附材料

(1) 硅藻土

硅藻土具有独特的微孔结构,比表面积大,堆密度小,孔体积大,因而其吸附能力极强,但这并不表明硅藻土对任何物质都具有强吸附能力。由于硅藻土吸附剂多呈电负性,因而使它对带负电的有机物的吸附受到一定的限制。发生在硅藻土孔隙内的吸附主要是物理吸附,可能是单分子层吸附,也可能形成多分子层吸附,吸附的速率较快。目前硅藻土主要用于处理城市污水、造纸废水、印染废水、屠宰废水、含油废水和重金属废水。

(2) 铁屑

铁屑提供的 $Fe^{3+}$ 将与污水中的溶解性磷酸盐($PO_4^{3-}$)反应生成颗粒状、非溶解性的 $FePO_4$ 化合物,通过吸附固定和化学沉淀作用被去除。

(3) 凹土

天然凹凸棒石黏土杂质含量较高,杂质的存在削弱了凹凸棒石原有的性能,如影响其吸附性、胶体性和脱色性等,使用时有一定的局限性,无法达到良好的效果。为了提高凹凸棒石黏土的质量,满足工业要求,在使用前需对其进行预处理及改性等过程。改性方法有热改性、酸改性、碱改性和盐改性。

(4) 腐木

腐木是枯木、落叶等含碳有机物,这些有机物能补充足够的碳源,在缺氧的条件下通过反硝化菌的作用,将硝酸态氮转化成氮气。

(5) 活性炭

活性炭材料是一种多孔的无定形炭,具有丰富的孔隙结构和巨大的比表面积,有极强的吸附能力。活性炭的吸附性能主要是由其结构特性和表面化学特性及电化学性能决定的。

(6) 沸石

天然沸石是一种骨架状的铝硅酸盐。天然沸石与合成沸石的分子筛一样,能够选择性地吸附气体,进行催化反应,在水溶液中具有离子交换能力。

沸石作为一种来源广泛、价格低廉的无机非金属矿物,因其独特的吸附性能、离子交换性能和易再生的特点,在去除污水中氮、磷方面有着很好的应用前景。但由于天然沸石分子孔道易堵塞和带电等原因,直接用于污水中进行氮、磷处理的效果不甚理想,因此有必要对沸石进行适当的改性处理。

### 6.2.3　多级吸附净化床处理溢流污水的效果

图6.12所示为多级吸附净化床进出水磷浓度及去除率的历时变化,平均进水磷浓度为2.78 mg/L,出水磷浓度为0.3～1.67 mg/L,出水达到《城镇污水处理厂污染物排放标准》规定的二级排放标准。由图6.12可知,磷的最高去除率达87.23%,随着天数的增加,磷的去除率越来越低,当磷去除率达46%左右时趋于平衡。

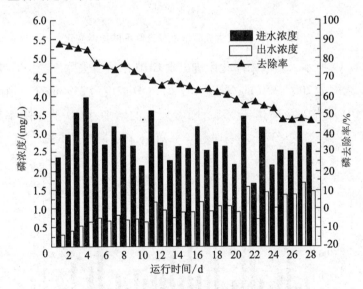

**图6.12　进出水磷浓度及去除率的历时变化**

图6.13所示为多级吸附净化床进出水氨氮浓度及去除率的历时变化,进水氨氮浓度为20～40 mg/L,进水平均氨氮浓度为27 mg/L,出水氨氮浓度为6～16 mg/L,出水达到《城镇污水处理厂污染物排放标准》规定的二级排放标准。由图6.13可知,氨氮最高去除率达74.7%,随着天数的增加,氨氮的去除率越来越低,当氨氮去除率达33%左右时趋于平衡。

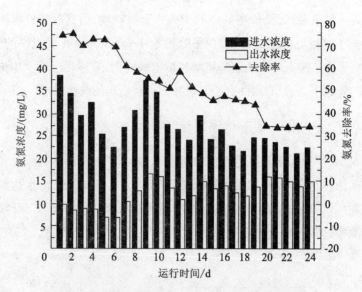

**图6.13　进出水氨氮浓度及去除率的历时变化**

图 6.14 所示为多吸附净化床进出水 COD 浓度及去除率的历时变化,进水 COD 浓度为 200~350 mg/L,进水平均 COD 浓度为 259 mg/L。由图 6.14 可知,COD 最高去除率达 77.3%,随着天数的增加,COD 的去除率越来越低,当 COD 去除率达 37% 左右时趋于平衡,平均去除率达 53%。

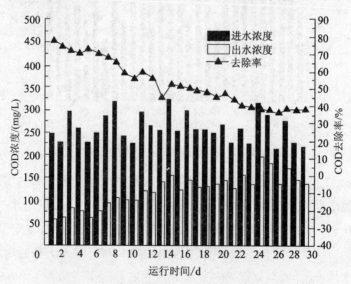

**图6.14　进出水 COD 浓度及去除率的历时变化**

　　图 6.15 所示为多级吸附净化床进出水 TSS 浓度及去除率的历时变化，进水 TSS 浓度为 100～300 mg/L，进水平均 TSS 浓度为 206 mg/L。由图6.15 可知，TSS 最高去除率达 85.56%，随着天数的增加，TSS 的去除率越来越低，当 TSS 去除率达 50% 左右时趋于平衡，平均去除率达 65%。

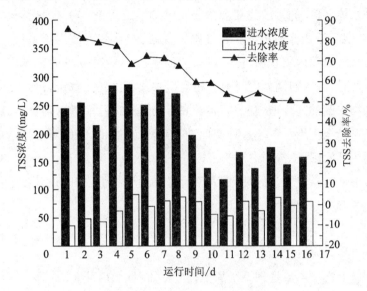

**图 6.15　进出水 TSS 浓度及去除率的历时变化**

# 6.3　高速大通量溢流污染渗滤控制技术

## 6.3.1　高速大通量渗滤处理技术的开发背景与意义

　　在暴雨条件下，CSO 收集了包括城市生活污水、工业废水和雨水在内的 3 种不同性质的废水，并且在一定的水动力条件下，雨水可将沉淀在管渠中的污泥冲起。因此，CSO 含有大量的污染物质，主要包括悬浮物、有机物、营养盐、SS、微生物病原菌、垃圾、消耗水中溶解氧的物质以及有毒有害物质（如重金属和含氯有机物）等。这些污染物质若未经有效处理直接排入水体，则会严重地破坏水环境功能并危及人类健康。由于 CSO 具有非连续性、突发性、高污染等特点，因此较一般城市污水更难处理。

　　总体看来，CSO 污染具有以下特点：① 因各地气候、降雨量的不同，CSO

污染流量与浓度波动均较大。② 不论 CSO 是否经过处理,最终都将排入特定的水体,因而针对不同水文条件的受纳水体,CSO 造成的污染程度也不同。当受纳水体流速较快时,其稀释能力和水体自净能力都比较强,这样就相当于减轻了 CSO 污染的程度。反之,对于流速较慢、流量季节性变化较大的受纳水体,CSO 的排放往往会造成相对严重的污染。③ CSO 污染具有突发性、初期污染严重的特征。在暴雨天气时,对某些合流沟道系统,由于地表径流在短时间内累积而流入沟道,因而形成了 CSO 初期时污水流量的高峰值。并且,由于初期暴雨对地表和沟道中累积的污染物的冲刷作用,形成了污染物浓度的高峰值,随着径流量的不断增加,污水得以稀释,污染物浓度逐渐下降至平均水平。这种初期冲刷现象,是雨天 CSO 对水体造成严重污染的主要原因。

    本书针对溢流污水的短时、大负荷这一典型特征,相应地开发了一套高速大通量渗滤处理技术。

## 6.3.2   高速大通量渗滤处理系统工艺原理

    高速大通量渗滤处理系统的工艺流程如图 6.16 所示。

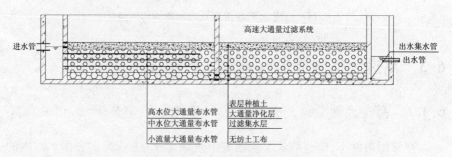

**图 6.16   高速大通量渗滤处理系统**

    具有一定压力的污水在通过渗滤池的过程中产生综合的物理、化学和生物反应,使污染物得以去除,其中生物化学反应使有机污染物通过生物降解而去除。

    高速大通量处理法的主体是高速大通量处理池,该系统至少由两个装填有一定厚度复合填料的大通量净化层组成,采用干湿交替的运转方式,落干期渗滤池大部分为好氧环境,淹水期渗滤池为厌氧环境,所以渗滤池内经常是好氧和厌氧相互交替,有利于微生物发挥综合处理作用,去除有机物。就氮的去除而言,落干期产生氨化和硝化作用,淹水期产生反硝化作用。氮通过上述转化过程而被去除;悬浮固体通过过滤去除;重金属经吸附和沉淀去除;磷经吸附和与渗滤池内的特殊填料形成羟基磷酸钙沉淀而去除;病原体经过滤、吸附、干燥、辐射和吞噬而去除;有机物经挥发、生物和化学降解等作用分别被去除。

### 6.3.3　高速大通量处理系统处理效果

#### 1. 处理效果分析

丁卯泵站的现场试验和实际工程的应用表明,高速大通量处理系统对于合流污水日水力负荷可达 $1.5\ m^3/(m^2\cdot d)$,对于生活污水日水力负荷可达$1\ m^3/(m^2\cdot d)$;出水水质较好,$COD_{Cr}$一般在 40 mg/L 以下,甚至小于 20 mg/L,SS 一般在 50 mg/L 以下。对溢流污水的研究结果表明,在 $1.5\ m^3/(m^2\cdot d)$ 的水力负荷条件下,高速大通量处理系统对 SS 和 $COD_{Cr}$ 平均去除率分别为 59.51% 和 72.82%(见图 6.17 和图 6.18)。此外,系统对氨氮、总磷亦有一定的去除效果,去除率在 20% 以上。

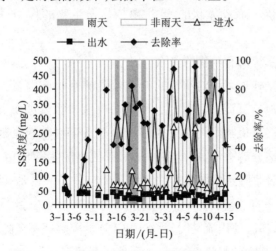

图 6.17　对 SS 去除效果

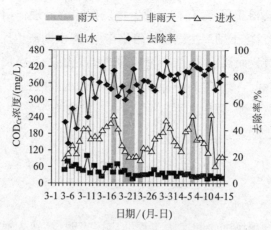

**图 6.18  对 $COD_{Cr}$ 去除效果**

**2. 处理原理分析**

**（1）处理系统对 SS 的去除**

污水中可沉降的 SS 主要依靠渗滤系统中的物理沉降作用去除。由于渗滤水浅,水流极其缓慢,加上表层植物茎秆的阻挡作用,SS 在进水口几米内就能有效地被去除。实验表明,所有的固体物都在系统最初 20% 的面积内得到去除。而胶体状的 SS 主要依靠微生物的作用、填料渗滤作用去除。

**（2）处理系统对有机物的去除**

高速大通量处理系统对有机物有着较强的降解能力,污水中不溶的有机物通过渗滤地的沉淀、过滤作用,可以很快地被截流进而被微生物利用,而污水中的可溶有机物则可通过表层植物根系生物膜的吸附、吸收及生物代谢降解过程被分解去除,因此渗滤池对有机物的去除作用是物理的截流沉淀和生物的吸收降解共同作用的结果。反应过程中主要氧源来自水面复氧和植物向根区的过量氧传导。渗滤系统对 $BOD_5$ 的去除率可达 80% 。研究表明,污水在渗滤池内流动时,污水中 COD 的降解速率会随着迁移距离的延长,呈现逐渐减慢的趋势,关于这一现象还有待进一步研究。

**（3）系统对氮的去除**

氮是植物生长不可缺少的一种元素,污水中的无机氮通常包括 $NH_3$-N 和 $NO_3$-N,它们均可以被渗滤池中的植物吸收,合成植物蛋白质,最终通过植物的收割从渗滤池中去除。另外,高速大通量处理系统中的填料也可通过一些物理和化学的途径如吸收、吸附、过滤、离子交换等去除污水中的一部分氮。

但是,渗滤系统中氮主要还是通过净化层微生物的硝化和反硝化作用去除的。高速大通量处理系统中种植的水生植物的重要功能之一就是将氧气从上部输送至植物根部,从而在植物根区附近形成一个好氧环境,而随着离根系距离的逐渐增大,渗滤层中依次出现缺氧、厌氧状态。这样的条件有利于硝化菌和反硝化菌的生长,为硝化反应和反硝化反应的进行提供条件。

(4) 高速大通量处理系统对磷的去除

污水中磷的存在形态取决于磷的类型,最常见的有磷酸盐、聚磷酸盐和有机磷酸盐等。高速大通量处理系统对磷的去除是通过植物的吸收、微生物的去除作用和填料的吸收过滤等几方面的作用共同完成的。

## 6.4　水驱动生物转盘技术

### 6.4.1　水驱动生物转盘技术的研究背景与意义

对于长时间在排水管道中输送的合流污水而言,下水道犹如一个生化反应器,污染物在其中可以发生一系列的生物降解。因此,如果可以利用排水管道对城市污水进行部分降解处理,将会减轻城市污水处理厂的工作负荷,节省污水处理费用,减少污水处理厂的建设占地。

基于此,本课题组进行了有关水驱动生物转盘技术的研究。

### 6.4.2　水驱动生物转盘净化设备的结构与原理

水驱动生物转盘净化设备是一种好氧处理污水的生物反应器,由水力驱动螺旋转盘、转轴、空气罩等组成。螺旋转盘一般由蜂窝状塑料制成,由钢结构支撑,中心贯以转轴,转轴两端安放在半圆形接触反应槽(即氧化槽)的支座上,如图 6.19 所示。

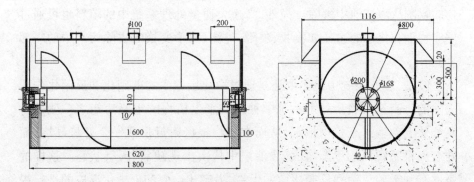

图 6.19　水驱动生物转盘装置结构示意图

螺旋转盘下部浸没在污水中,上部暴露在空气中,圆盘表面生长有生物群落。管道内流动的污水推动螺旋转盘周而复始地转动并吸附和生物氧化有机污染物,使污水得到净化。根据需要,在实际应用时可以依据管道的具体情况布置一组到几十组螺旋转盘串联成一个系列。水驱动生物转盘净化设备的主要设计及运行参数有螺旋转盘组数、容积面积比(可介于 3 ~ 9)、BOD 面积负荷( < 15 g/(m² · d))、水力负荷( < 150 L/(m² · d))、浸没率(一般介于40% ~ 50%)、转盘旋转速度,一般为 0.5 ~ 5 r/min。

### 6.4.3　水驱动生物转盘净化设备工艺特征

1. 微生物相方面的特征

(1) 参与净化反应的微生物多样化。水驱动生物转盘净化设备有适于微生物生长栖息、繁殖的稳定环境;生物膜固定在转盘上,污泥龄较长。在螺旋转盘上微生物能够生长的世代时间较长,螺旋转盘上有时还会出现丝状菌,但没有污泥膨胀之忧。在日光照射的部位,还会出现藻类。

(2) 每级都有优占微生物。水驱动生物转盘分级处理,每级都有生长繁育与进入本级污水水质相适应的微生物,并自然地成为优占种属,这种现象对有机污染物的降解是十分有利的。

(3) 微生物浓度高。据统计,最初几级螺旋转盘上的生物膜如折算成曝气池的 MLVSS,可达 40 000 ~ 60 000 mg/L,$F/M$ 值为 0.05 ~ 0.1。而活性污泥法的 MLVSS 一般在 1 500 ~ 3 000 mg/L 之间,$F/M$ 值在 0.2 ~ 0.4 之间,这是无动力螺旋转盘效率较高的一个主要原因。

2. 处理工艺方面的特征

（1）对水质、水量变化具有较强的适应性。水驱动生物转盘处理工艺对水量、水质的变化具有较强的适应性，即使中间停止一段时间进水，生物膜的净化功能也能够很快地得到恢复。

（2）易于固液分离，即使产生大量的丝状菌，在二沉池中也无污泥上浮现象发生。

（3）能够处理低浓度污水。活性污泥法处理系统，如果进水 $BOD_5$ 浓度在50～60 mg/L 以下，絮凝体形成恶化，处理水质低下，但是水驱动生物转盘处理系统对浓度低的污水，也能够取得较好的处理效果，可使 $BOD_5$ 浓度为20 mg/L 的污水浓度降至 5～10 mg/L。

（4）无动力费用。水驱动生物转盘采用流动的污水作为动能，无动力费用。

（5）产生的污泥量少。一般说来，水驱动生物转盘系统产生的污泥量比活性污法系统少1/4。

（6）具有较好的硝化与脱氮功能。水驱动生物转盘具有良好的硝化功能，如果措施得当，还具有脱氮的作用。

3. 设备中氧的传递

设备中氧的传递分为两个过程，即气液表面传质和水中的紊动扩散。气液表面传质是指氧分子从管道上部的气相运动到管道中的液相。氧分子从液相运动到内壁的生物膜中或管内生物絮体内部则称为氧在水中的紊动扩散。氧的传递速率将对所有有氧参与的反应过程的速率产生影响。

实际的排水管道水体中存在大量的有机物质，管道内的微生物通过复杂的生化反应，消耗着污水中的溶解氧。因此，管道污水中的溶解氧浓度随着水深的增加呈降低的趋势，越靠近气水交界面的部分，溶解氧浓度越高；越靠近排水管道底部的部分，溶解氧浓度越低。

## 6.4.4　运行效果

2010 年9 月到2011 年4 月进行水驱动生物转盘系统的中试运行研究，当时平均室温为11 ℃，水温为13 ℃，经过 1 个月时间的调试及 6 个月的运行，生物膜生长良好，出水水质稳定。转盘生物膜形态见表6.2。

**表 6.2　转盘生物膜形态**

| 无动力螺旋转盘组数 | 1 | 2 | 3 | 4 |
|---|---|---|---|---|
| 生物膜厚度/mm | 4 | 3 | 2 | 1.5 |
| 生物膜颜色 | 灰 | 浅褐 | 黄 | 黄 |
| 氧化槽内污水颜色 | 褐 | 黄 | 浅黄 | 微清 |

转盘水力负荷为 41.7 L/(m² · d),BOD 面积负荷为 4.1 g/(m² · d),末级转盘出水 DO 浓度大于 4.5 mg/L。2010 年 9 月到 2011 年 4 月运行前后水质情况见表 6.3。

**表 6.3　水驱动生物转盘运行效果**

mg/L

| 项目 | $BOD_5$ | | | SS | | | COD | | |
|---|---|---|---|---|---|---|---|---|---|
| | 高值 | 低值 | 平均 | 高值 | 低值 | 平均 | 高值 | 低值 | 平均 |
| 进水 | 127.21 | 20.38 | 73.80 | 114.12 | 40.96 | 77.54 | 250.45 | 45.14 | 164.16 |
| 出水 | 29.83 | 8.13 | 18.48 | 29.03 | 8.02 | 14.32 | 80.70 | 20.67 | 40.71 |
| 去除率/% | 76.55 | 58.85 | 74.88 | 74.56 | 80.42 | 81.53 | 67.78 | 54.21 | 55.20 |

### 6.4.5　运行管理

水驱动生物转盘净化设备运行管理简单,生动膜吸附在转盘填料上,与传统活性污泥法相比,不需要污泥回流,即使在缺氧条件下产生丝状菌,也不会产生污泥膨胀。若停止运行一段时间,重新运行后,处理效果也能很快恢复。在汛期,由于管网分流不完善,进水 $BOD_5$ 浓度小于 40 mg/L 时,仍能进行处理,这是传统活性污泥法无法企及的。

## 6.5　短时絮凝-高速磁沉降溢流污水快速处理装置

### 6.5.1　短时絮凝-高速磁沉降反应器的研制

**1. 短时絮凝-高速磁沉降反应器的设计原理**

短时絮凝-高速磁沉降反应器利用磁场来强化絮凝沉淀过程,最终实现固液分离目的,因此设计依据以絮凝沉淀为主。在絮凝过程中投加磁种,由于磁种可以在絮凝剂和污染物之间产生较强的吸附力,所以以磁种为中心会形成较大的絮团,并且磁种的磁化特性可以加速絮凝过程,然后在外磁场的作用下,磁性絮团快速沉降下来,实现固液分离。

2. 短时絮凝-高速磁沉降反应器的构造及工作流程

短时絮凝-高速磁沉降反应器主要由管道混合器、快速搅拌区、慢速搅拌区、磁沉降区及磁种回收装置 5 个部分组成,如图 6.20 所示。

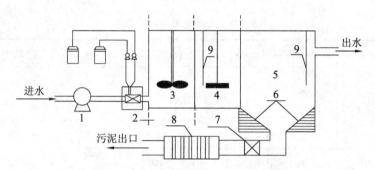

1—提升泵；2—管道混合器；3—快速搅拌区；4—慢速搅拌区；5—磁沉降区；
6—强磁场发生器；7—控制阀门；8—磁种回收装置；9—挡板

**图 6.20　溢流污水快速处理装置结构**

装置的核心部分是磁沉降区,底部设置强磁场发生器,用以加速沉降。装置运行时,具有一定压力的溢流污水由进水管进入,首先在管道混合器内和外加的磁种及絮凝剂进行混合,之后进入快速搅拌区和慢速搅拌区强化混凝效果,然后进入磁沉降区,在强磁场的作用下迅速沉降。当沉淀污泥堆积到一定程度时,打开控制阀门,污泥中的磁种通过磁分离装置分离出来,实现磁种回用。

整个装置采用湿式启动方式,即在处理污水前,装置中已经盛满污水,降雨量增大时启动污水泵。这种启动方式节省了容积加载时间,大大缩短了装置的启动时间。由于开始时即为满池状态,所以反应区和沉淀区在较短的时间内就能适应进水水量和水质的变化,响应时间段内装置出水水质较好。

管道混合器加药采用重力加药方式,于泵前加药,这样可以充分利用泵的动力完成初步混合;加药口设置提升泵吸水管,泵启动后可直接吸取药剂,通过泵叶的高速旋转,药剂可瞬时混入污水中。

　　磁场发生器采用圆环形线圈组合的技术方案,每对线圈绕组直径、匝数、线径完全相同,整体组合线圈构成一对同轴、等距、对称、平头锥体形的装置。

## 6.5.2　除污性能分析

　　利用小试装置,在进水流量为 100 L/h 时进行试验,水力停留时间为 8 min,装置除污效果见表6.4。

表 6.4　处理溢流污水的效果

| 污染物 | 进水浓度/(mg/L) | 出水浓度/(mg/L) | 去除率/% |
|---|---|---|---|
| $NH_3$-N | 12 | 2.8 | 76.67 |
| TP | 4 | 0.59 | 85.25 |
| SS | 560 | 42 | 92.50 |
| COD | 450 | 107 | 76.22 |

　　从表6.4中可以看出,在水力停留时间为 8 min 时,溢流污水快速处理装置对 $NH_3$-N,TP,SS 和 COD 均有较好的处理效果,去除率分别为76.67%, 85.25%,92.50%,76.22%。这主要是因为在絮凝阶段投加磁种后就产生了具有磁核的絮体,这些具有磁性的絮团发生自身凝聚,增强了卷扫作用,使得在短时间内产生更大的絮凝集团,尽可能多地吸附水中的污染物,然后在强磁场作用下,使含磁絮体沉降速度加快,有效缩短沉淀时间。

## 6.5.3　影响因素分析

### 1. 水力停留时间

　　以 SS 为例,研究水力停留时间对污染物去除效果的影响,见表6.5。从表中可以看出,水力停留时间为 5 min 时,SS 的去除率为 69.1%,随着水力停留时间的增加,SS 的去除率也逐渐增加,在停留时间为 8 min 时,达到最大值93%。当水力停留时间大于 8 min 时,SS 的去除率变化不是很明显,保持在92%左右。这说明短时絮凝-高速磁沉降反应器对溢流污水的处理具有较高的效率,相对于传统的处理工艺,处理时间大大缩短。

表 6.5　水力停留时间对 SS 去除率的影响

| 水力停留时间/min | 进水浓度/(mg/L) | 出水浓度/(mg/L) | 去除率/% |
| --- | --- | --- | --- |
| 5 | 560 | 173 | 69.10 |
| 6 | 560 | 102 | 81.79 |
| 7 | 560 | 78 | 86.07 |
| 8 | 560 | 37 | 93.00 |
| 9 | 560 | 28 | 92.96 |
| 10 | 560 | 31 | 92.61 |
| 11 | 560 | 34 | 91.99 |
| 12 | 560 | 32 | 92.09 |

**2. 絮凝剂投加量的影响**

图 6.21 所示为絮凝剂(Polyaluminium Chloride, PAC)投加量对沉降时间和 SS 去除率的影响。从图中可以看出,当 PAC 投加量为 30 mg/L 时,沉降时间最短为 3 min,投加量过少或过量,沉降时间均会增加,但都保持在 5 min 以内,这说明絮凝剂投加量对沉降时间的影响不是很明显。但是从图中可以看出,SS 去除率受絮凝剂投加量的影响比较明显。随着 PAC 投加量的增加,SS 去除率逐渐增加,投加量超过 30 mg/L 时,受影响程度变小,变化趋势不明显。通过对比可以看出,较少的絮凝剂投加量对应着较长的沉降时间,并且当絮凝剂投加过量时沉降时间同样变大,但趋势不明显。

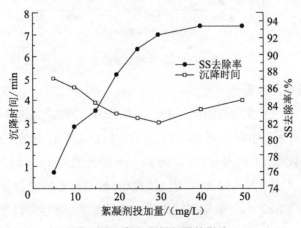

图 6.21　絮凝剂投加量的影响

### 3. 磁种投加量的影响

由图 6.22 可以看出,在絮凝剂投加量(30 mg/L)和磁场强度(300 mT)一定的情况下,絮凝时间和沉降时间均随磁种投加量的增加而逐渐减少。在不投加磁种的情况下,絮凝时间为 10 min,絮体沉降时间为 15 min,而在磁种投加量为 250 mg/L 时,絮凝时间为 4 min,沉降时间为3 min,效率分别提高 60% 和 75%。当磁种投加量大于 250 mg/L 时,即超过了与絮体结合所需要的磁种量,其不能再吸附溶液中的污染物,所以对絮凝过程不再产生作用,絮凝时间也不再变化;当磁种投加量大于 350 mg/L 时,沉淀时间也保持不变。絮凝和沉降所需要的磁种量不同,原因在于与污染物结合后剩余的磁种在磁场作用下会被磁化,发生自身凝聚而结合成较大的絮体基团,大基团在下降过程中对周围的絮体基团起到一定的拖曳作用,使其加速沉降。综合以上所述,350 mg/L 是磁种最佳投加量。

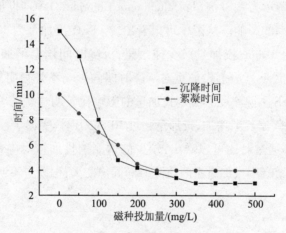

图 6.22　磁种投加量的影响

### 4. 磁场强度的影响

图 6.23 所示是磁种投加量为 350 mg/L,PAC 投加量为 30 mg/L 时,磁场强度的变化对絮凝沉降时间的影响。从图中可以看出,随着磁场强度的增加,沉降时间逐渐减少,从 0 mT 时的 18 min 降低到 400 mT 时的3 min,缩短了83%。这是由于加入磁种后,形成的以磁种为核心的磁性复合絮凝体在磁场作用下产生磁力,经吸附架桥作用后磁性絮团体积增大,导致在磁场中所受作用力也增大,因此沉降速度明显加快;同时,在磁力的作用下,不仅粗

大的磁性絮体被拉向底部磁铁附近,而且一些细小的含磁絮体也被拉向底部,使沉降时间缩短,从而提高了絮凝效果。当磁场强度超过 400 mT 时,磁场强度对沉降时间基本不再有影响。

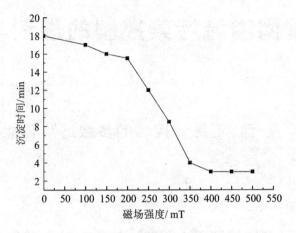

图 6.23　磁场强度的影响

# 第 7 章

# 合流管网溢流污染控制的规划与管理

## 7.1 基于源-流-汇综合控污的多级递阶智能控制规划方法

### 7.1.1 多级递阶智能控制规划方法概念模型的构建

基于源-流-汇综合调控的合流管网溢流径流污染控制系统需要构建不同的技术控制单元,实现逐级设置的目标,从而达到目标效益的最大化,因此该控制系统的特征主要表现为高层次、多回路、非线性,类别繁多、多重反馈、结构复杂、控制子系统数量巨大。在规划方法确立过程中,涉及的学科知识多种多样,信息来源各不相同,有的定量、有的定性,而且信息精度不均衡,系统参数敏感性很不一致,系统高层次结构较清晰,但低层次结构难描述,基于这些特点,本书提出了一种多级递阶智能控制规划方法,该方法的概念模型如图 7.1 所示。

其中,每一级的作用介绍如下。

1. 组织级

组织级是多级递阶智能控制系统的最高级,是智能系统的"大脑",它具有相应的学习能力和决策能力。它的任务是按照源-流-汇综合调控合流管网溢流径流污染控制总目标来选择下层所采用的模型结构、控制策略等。如果总目标发生了变化,它可以自动改变协调层中所用的性能指标;当参数辨识无法令人满意时,它可以修改适应级的学习策略。

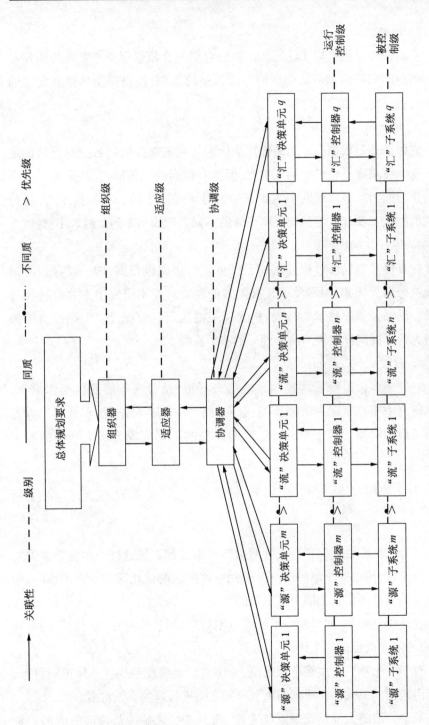

图 7.1　多级递阶智能控制规划方法概念模型示意图

2. 适应级

它的任务是根据对实际源-流-汇综合调控合流管网溢流径流污染控制系统的观测来辨识调节层中所使用的模型的参数,使得模型尽量和变化的实际过程保持一致。

3. 协调级

它的任务是根据一定的最优性指标来规定直接控制层各控制器的设定值。这一级只要求较低的运算精度,但要有较高的决策能力,甚至要具有一定的学习能力。在本研究中主要表现为对源-流-汇综合调控技术、方法与模式的决策。源、流、汇调控决策策略的不同表现为从 1 到 $n$ 的若干选择。

4. 运行控制级

它直接控制局部过程并完成子任务。与协调级相反,这一级必须高精度地执行局部任务,而不要求具有太多的能力。在本研究中主要表现为对源-流-汇综合调控技术、方法与模式决策的执行。对源、流、汇调控决策执行行为的不同同样表现为从 1 到 $n$ 的若干选择。

5. 被控制级

它处于多级递阶智能控制系统的最低级,是最为基层的被操作单元。在本研究中主要表现为诸如管网、管程、路径、排口、泵站、污水处理厂等若干待改造的对象。基于源、流、汇改造对象的不同表现为从 1 到 $n$ 的若干匹配。

## 7.1.2 多级递阶智能控制技术适合于形成管网溢流污染控制规划

对源-流-汇综合调控合流管网溢流污染控制系统这样一个复杂的大规模系统来说,想用一个单一的决策单元来解决它的优化问题是很困难的,毕竟决策单元处理信息的能力是有限的。

在递阶结构中,同级的子系统可以平行地进行,所以在一个给定的时间内,有可能完成更多的工作。

对于各个独立的决策单元来说,为使它们能实现系统的总体控制目标,采用协调器的形式比在所有的决策单元之间进行通信有效得多。

对于一般的大规模管理系统来说,任务本身就是按某种递阶的形式来组织的。如果优化是管理的一个目标,那么很自然地应采用递阶优化的形式。这种多级递阶智能控制设计系统结构的灵活性和可靠性比较好,因为在这种多级的递阶系统中,任何由于子系统的改变而导致决策的改变都是局部的,因而费时少,成本低。这种多级递阶智能控制设计系统在环境中适应变化的能力强,所以它比其他系统能在更长的时间内适应竞争,符合下文提出的开放的改造工程决策支持系统的实际思想。

从图 7.1 中可以看出,多级递阶智能控制系统的工作原理可做两次分解。从横向来看,将一个复杂系统分解为若干个相互联系的子系统,对每个子系统单独配置控制器,这样便于直接进行控制,使复杂问题得到简化;从纵向看,将控制这个复杂系统所需要的知识的多少或者说智能的程度,从低到高做了一次分解,给处理复杂问题带来了方便。

这个多级递阶智能控制系统的结构与一般的多级递阶控制系统的结构基本相同,差别主要表现在此多级递阶智能控制系统融入了开放的工程系统的思想,采用了综合集成研讨厅体系的方法,更多地利用了人工智能的原理和方法,使组织器、适应器和协调器都具有利用知识和处理知识的能力,并具有不同程度的自学能力等。

### 7.1.3　综合集成研讨厅体系的由来及在多级递阶智能控制规划方法中的应用

#### 1. 由来

1992 年 3 月,钱学森教授进一步扩展了从定性到定量的综合集成法,提出了"从定性到定量综合集成研讨厅"体系的思想。研讨厅体系的构思是将专家们和知识库信息系统、各种人工智能系统、快速巨型计算机组织起来,成为巨型人-机结合的系统,将逻辑、理性与非逻辑、非理性智能结合起来(专家们高明的经验判断代表了以实践为基础的非逻辑、非理性智能),将现今世界上千百万人的聪明才智和已经不在人世的古人的智慧综合起来。通过研讨厅体系,一方面可将以往只能体现出"个体"的经验知识上升为能体现"群体"的经验知识,另一方面可用语言和符号来表达联接起来的知识体系,以提高人的意识,并将意识提高到思维层面。综合集成研讨厅体系就其实质而言,是将专家群体(各方面有关的专家)、数据和各种信息与计算机、网络等信息技术有机地结合起来,将各种学科的科学理论和人的知识和经验判断结合起来,由这三者构成系统,且这个系统只能是基于网络的。

2. 应用

溢流管网改造控制系统是一个开放的复杂巨系统,需要从定性到定量进行综合集成。用综合集成研讨厅体系的方法解决溢流管网改造控制系统的问题,就是将专家群体(循环经济链各环节专家)、先进的管理思想、信息技术、计算机和网络技术、制造技术以及各种信息、数据、以往的成功案例和相关知识集成在研讨厅中,针对区域管网改造问题现状进行针对性的处理。溢流管网改造控制系统的综合集成研讨厅体系是一个以人为主,人机结合的系统,其中人在系统中的作用是最重要的,例如改造方案的制定、改造方法的应用、改造技术的创新、改造过程的控制、改造评价体系的形成、改造适宜性的分析等,都必须由人来参与决策。此外,溢流管网改造控制系统中各子系统、子系统内部存在着大量的人的活动。人机结合,就是在研制多级递阶智能控制设计系统时,应强调将人类的心智与机器的智能相结合。从体系上讲,就是在设计过程中,将人作为成员综合到整个系统中去,充分利用并发挥人类和计算机各自的长处形成新的体系。从定性到定量的综合集成方法主要是由定性描述、定量描述、定性推理、定量推理以及在此基础之上的由多次迭代、逐步逼近、融合、求解过程所构成的多模式自适应动态优化的综合集成方法。

综合集成研讨厅体系在多级递阶智能控制规划系统中的应用从下文多级递阶智能控制系统的构造和运行步骤可以看出,其主要表现在以下几个方面:

(1) 在组织级中首先应明确该溢流管网改造控制系统的任务、目的,所以要尽可能多地请有关专家提出意见和建议。专家的意见是一种定性的认识,肯定不完全一样。此外,还要搜集大量的相关文献资料,认真地了解情况。

(2) 在定性认识的基础上,由知识工程师参与建立一个系统模型。在建立模型的过程中必须注意与实际数据的结合,统计数据有多少就需要多少个参数,然后利用计算机进行建模工作。

(3) 在适应级中,通过计算机建立程序(如神经网络算法等)来辨识调节层中所使用的模型的参数,这时需要专家对参数结果进行反复检验、修改,使得模型尽量和变化的实际过程保持一致。

(4) 在协调级中,在知识工程师的协助下,提出问题求解的约束条件与期望目标,选择合适的求解方法,根据求解结果判断是否达到期望的目标。如果未达到,生成新的问题求解状态,继续进行,不断循环地进行求解,直到满意为止。在计算机工作时,可以根据中间结果与所获得的信息不断给计算机输入新的知识,修改期望的目标,也可以终止计算机的运行,重新设定问题的求解初始状态。

(5) 运行得出结果,但需要将专家系统和各方面的信息结合起来,对结果反复进行检验、修改,直到专家和决策者满意,这个模型才算完成。

以上步骤综合了许多专家的意见、大量书本资料和计算机信息,是定性的、不全面的感性认识加以综合集成,达到对于总的方面的定量认识,所以说是一种集大成的智慧,在一定程度上体现了将专家群体的经验、知识注入系统的特点。以上所述表明:从定性到定量综合集成这一处理开放的复杂巨系统的方法是可操作的,用以处理十分复杂的问题时,能够得到对整体的定量把握,因而采用多级递阶智能控制技术建立基于源-流-汇综合调控合流制管网溢流污染控制规划方法切实可行,并且实践证明其可解决区域具体实际问题。

## 7.1.4　多级递阶智能控制规划系统的构造和规划的运行步骤

### 1. 开放的工程系统思想

开放的工程系统思想与全球竞争市场中用更少的资源完成更多的任务的思想有紧密的联系。一个开放的工程系统的定义如下:开放的工程系统是一个由产品、服务和(或)方法组成的系统,它在环境中易于适应变化,且能使生产者在全球化市场中保持竞争力……

这个定义的关键是"在环境中易于适应变化"。因为开放的系统能满足变化的市场的需要,所以它比其他设计系统能在更长的时间内适应竞争。一个开放的工程系统的设计可通过建立一个针对市场的质量系统来快速反应,后经不断地修正去适应变化的市场要求。设计开放的工程系统有3个特征:① 在设计的早期阶段增加设计知识;② 在设计的早期阶段保证设计自由;③ 在设计的整个过程中提高效率。

开放的工程系统在最初的设计阶段,可能会花费很多时间与资金,但因为"增加设计知识"和"保证设计自由"使它在开放的环境中能适应变化,对以后未知的变化做好了准备,所以能减少未来重新设计和工作的时间和费用,从而在更长的时间内取得更大的收益。

2. 开放的工程系统思想在多级递阶智能控制规划中的应用

由源-流-汇综合调控合流制管网溢流污染控制内涵可知,源-流-汇综合调控合流制管网溢流污染控制系统具有工程系统的所有要素和特征,从某种意义上来说,这是一种特殊的工程系统,所以工程系统的研究方法与技术对于源-流-汇综合调控合流制管网溢流污染控制系统的设计有很重要的借鉴作用。

开放的工程系统的思想在多级递阶智能控制设计系统中的应用从下文多级递阶智能控制规划系统的构造和运行步骤中可以看出,其主要表现在以下几个方面:

(1) 多级递阶智能控制设计系统中设计了一个多级智能协调器。在这个多级智能协调器中,每个过程存在一个决策单元,决策单元处于不同的级别,按递阶排列,呈金字塔结构。只有上下级间才有信息交换,同级之间不交换信息。目标可能有冲突,它通过上一级的协调器来解决。通过在协调器和各个决策单元中建立的非线性多目标动态优化决策模型,使协调的最后结果近似于全局优化的结果。因为在这种多级的递阶结构中,任何由于子过程的改变而要求决策的改变都是局部性的,所以这种多级智能协调器的灵活性与可靠性较好,并且费时少,成本低。

(2) 在智能协调器中,根据具体实际情况,在协调器和各个决策单元中建立相应的非线性多目标动态优化决策模型,用目标规划法等方法求解多目标优化模型,使得约束条件变为"弹性约束",扩大解的范围。

(3) 在多级递阶智能控制设计系统中,提出了满意解的思想。系统运行得出结果是一组满意解,满意解集优于最优化的点集,这是因为在简化的模型中最优解决策在现实生活中却很少是最优的。因此,决策者会在满意解集中选择一个更接近真实复杂世界的解,并对环境中较小的变化不敏感。

3. 多级递阶智能控制规划系统的构造和运行步骤

这里将详细阐述多级递阶智能控制规划系统的构造和运行步骤,如图 7.2 所示。

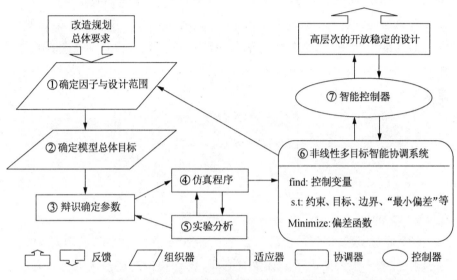

**图 7.2　复杂的合流制管网规划控制系统的运行步骤**

(1) 由工程师和专家参与,明确合流制管网改造的总体要求和目标。

(2) 分类和确定设计参数(控制变量、干扰变量和输出变量)及其范围,如图 7.3 所示,根据范围定义一个初始探索空间。

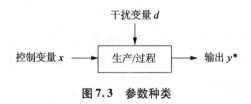

**图 7.3　参数种类**

(3) 建立如图 7.2 所示的反馈控制模型:

$$\begin{cases} x(t+1) = x(t) + \mu(t) \\ d(t+1) = (I+D)d(t) \\ y^*(t) = -(I-A'(t))x(t) + d(t) + B'(t)\mu(t) \end{cases} \quad (7.1)$$

注:模型中各参数见毛之英于 1994 年发表的文章。

（4）由专家系统根据实际情况确定系统的总体目标，建立相应的目标函数。

（5）在式（7.1）中，由智能适应器根据实际情况建立专家系统和仿真程序（如人工神经网络等方法），预测雨水年变化量、污水年变化量、径流量等 $a_i, i = 1, 2, \cdots, n$，目标函数的期望值 $y = (e_1, e_2, \cdots, e_n)'$，年溢流污染物的控制量 $\mu(t)$ 的上、下限约束，各个过程的消耗向量如雨污水管道、泵站基础设施、技术产品等 $d(t) = (d_1(t), d_2(t), \cdots, d_m(t))'$（$m$ 表示消耗类型的数量），过程流系数矩阵 $A(t)$，其中，

$$A(t) = \begin{bmatrix} d_1(t_1) & d_2(t_1) & \cdots & d_n(t_1) \\ d_1(t_2) & d_2(t_2) & \cdots & d_m(t_2) \\ \vdots & & \vdots & \\ d_1(t_n) & d_2(t_n) & \cdots & d_m(t_n) \end{bmatrix}$$

$B'(t)\mu(t)$ 为其他突发状态下的溢流污水产生量。

（6）通过实验分析处理器，结合专家系统，分析实验结果，明确重要的控制因子，除去不重要的因子。如果有必要，设计和构造更准确的仿真程序，将分析结果反馈到智能适应器，在图 7.2 的③④⑤之间形成迭代，直到产生准确的模型参数。

（7）在智能协调器中，协调器和各个决策单元建立各自的非线性多目标动态优化决策模型，然后求解出各自满足控制因子约束条件的最优控制和性能指标值，反馈给组织器进行修正，最终由专家系统和决策者确定满意的解集。

（8）由专家系统在满意解集内选择符合实际情况的最优控制，传给每个子系统的智能控制器（这些控制器包括系统控制目标设定及动态调节器等），控制各个子系统的运行。

（9）输出一个高层次的开放稳定的设计说明书。

在设计过程中，动态反馈控制模型、专家系统、智能控制技术、仿真程序和实验分析综合在非线性多目标智能协调系统的框架中，探索设计空间，搜寻稳定区域，形成一个开放稳定的设计，充分体现了将合流制管网溢流污染控制系统设计成一个开放的工程系统的指导思想，并使得这个设计系统具有自适应、自组织、自学习和鲁棒性的特点。

### 7.1.5　多级递阶智能协调器

根据上文所述,在合流制溢流污染控制系统的多级递阶智能控制规划系统中,需要一个智能协调器来协调该系统的整体目标与各个过程的局部目标,这是整个控制系统的核心。基于此本书研究设计一个多级递阶智能协调器,如图7.4所示。

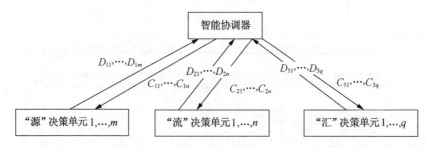

**图7.4　源-流-汇综合调控合流制溢流污染控制系统的多级递阶智能协调器**

该系统是一个二级结构(多级以此类推)。上层的协调器控制着下层的各个源、流、汇决策单元,它们有各自的子系统模型和控制目标。协调器的任务是通过对下层决策的干预来保证它们分别找到的决策能满足整个控制目标的要求。因此协调器要不断地和下层的决策单元交换信息,一方面发出干预信号 C,另一方面接受从下级反馈的有关各决策单元做出的决策和获得的性能指标值的信号 D。干预信号起协调作用,产生干预信号的原则就是协调策略。协调器的智能性从多级递阶智能控制系统的结构中可以看出,从智能协调控制器的运行原理中也可以看出。

## 7.2　合流管网系统全流程监控技术

### 7.2.1　合流制管网监控的特点与要求

为了实现对合流管网的有效调控,有必要研究合流管网全流程的水质水量监测技术,同时实现污染物排放的预警技术;研究雨污水管道状况监测技术,以利于管道淤积、渗漏、堵塞等状况的发现与问题的解决。在以上研究的基础上,构建数字化城市排水系统,可为构建数字城市、提高城市管理水平提供技术依据。

## 7.2.2　监控原理

　　基于 SCADA 的管网监控系统总体结构如图 7.5 所示,系统分为两层:城市监控调度中心层和现场层。

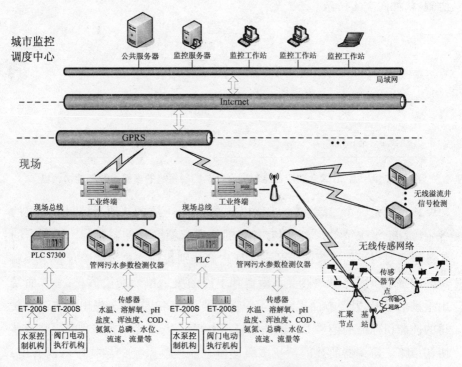

**图 7.5　管网监控系统总体结构**

　　城市监控调度中心层通过成熟的公用互联网与区域监控层进行数据交换,获得城市区域内所有监控点的管网水情。中心内部配备监控服务器、数据库服务器等若干监控工作站,利用局域网实现数据的共享。系统装配专用的 SCADA 实现模拟屏数据实时显示、数据记录、历史数据查询等功能。同时,调度中心根据城市管网的总体运行状况向其下属各区域监控室下达调度指令。

　　现场层由大量泵站、闸站、溢流井等管网节点处的监控设备组成,可检测水温、溶解氧、pH、盐度、浑浊度、亚硝酸盐、水位、流速、流量等污水参数,现场装配一台工业监控终端,该机配置了 GPRS 调制解调器,可无线访问区域监控服务器,上报各项实时水情数据,接收各项操作控制指令。工业终端利用工业现场总线与各检测仪器、PLC 等执行设备进行通信。针对管网中监控节点分散的特点,某些监控项目要求相对较少的节点可以通过无线传感网络与临近的节点进行通信,将多点数据集中后统一由一台工业终端通过 GPRS 向区域监控室上报。

## 7.2.3  监控策略分析

决策支持系统(Decision Support System,DSS)是辅助决策者通过数据、模型、知识以人机交互方式进行半结构化或非结构化决策的计算机应用系统。它以管理学、运筹学、控制论和行为科学为基础,以计算机硬件、通信网络和软件资源为工具,通过人工处理、数据库服务等,为决策者提供分析问题、建立模型、模拟决策过程和方案的环境,通过调用各种信息资源和分析工具,帮助决策者提高决策的水平和质量。

决策支持系统由"三库"系统组成,即数据库及其管理系统、模型库及其管理系统、知识库及人机对话系统,其结构如图 7.6 所示。

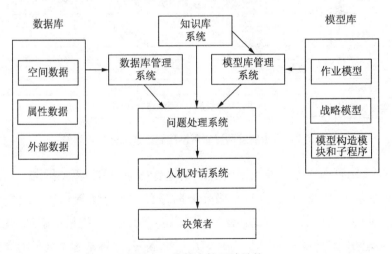

**图 7.6  决策支持系统结构**

其中,数据库系统负责存储和管理 DSS 使用的各种数据,并实现不同数据源间的相互转换;模型库利用各种模型,把面向过去的数据变成面向现在或将来的有意义的信息,模型库存放预订的标准模型,支持模型的管理和各种分析与运算;对话系统是决策支持系统人机接口界面,它负责接收用户的请求,协调数据库系统和模型库系统间的通信,为决策者提供信息收集、问题识别及模型构造、改进和分析计算功能,而知识库系统主要是一个综合性的知识库,存放有关问题领域的各种知识,是 DSS 解决用户问题的智囊。

## 7.3　合流管网改造策略

基于对合流制管网溢流污染控制改造规划原理,针对规划过程中已经存在及可能存在的主要问题进行合流制管网溢流污染控制改造综合决策,主要从源头控污、过程截污及末端治污 3 个方面进行。综合策略的思路如图7.7 所示。

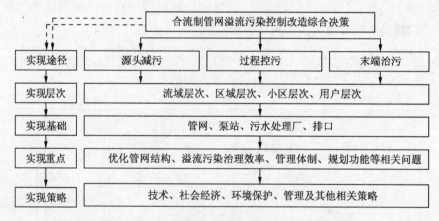

**图 7.7　合流制管网溢流污染控制改造综合决策思路**

合流制管网溢流污染控制改造规划综合决策主要从实现目标、实现层次、实现基础、实现重点、实现策略几方面综合考虑。实现目标主要是要实现源头控污、过程截污及末端治污以达到溢流污染控制的最优解;实现层次从流域层次、区域层次、小区层次、用户层次展开;实现基础主要针对合流制管网、泵站、污水处理厂及排口进行改造;实现重点从管网结构、溢流污染治理效率、管理体制、规划功能优化等方面来解决实际问题,完善规划;实现策略主要包括技术方面、社会经济方面、环境保护方面及管理方面的相关策略。

## 7.3.1　实现途径

### 1. 源头减污

其目的主要是减少排入管网的雨污水量以及污染物的量。源头减污的主要途径包括以下几方面：

（1）节水减排

节水是指采取现实可行的综合措施，减少水的损失和浪费，提高用水效率，合理和高效利用水资源。节水既是保障我国经济社会可持续发展的重要举措，也是实现节能减排的重要途径之一，同时还可降低排水管网的运行负荷。目前国内在节水型器具和中水道等技术研发方面已具有一定的基础。

（2）生产废水源清洁生产——零排放技术

为了节约新鲜水用量，可以把废水直接回用、对部分废水进行处理除去污染物后回用或把全部废水处理再循环利用。通过提高水的循环利用率，间接实现从工厂排出的废水量为零。

（3）生活污水源清洁生产——分质处理与处置及资源化技术

中水回用是对水自然循环过程的人工模拟和强化，发展中水回用，是实现有限水资源的合理利用、缓解水资源紧张的必然选择。随着循环经济和生活污水源分离、分质处理和资源化理念的提出，基于中水回用为目的的污水排放与处理及资源化模式更加多样化。

（4）雨水源清洁生产

雨水源清洁生产在排水管网源清洁生产中具有举足轻重的作用。城市雨水资源化是一种新型的多目标综合性技术，即在城市规划和设计中采取相应的工程措施，将汛期雨水蓄积起来并作为一种水源的集成技术，包括雨水集蓄利用和雨水渗透利用两大类。目前的应用方式有分散住宅的雨水集蓄利用中水系统、建筑群或小区集中式雨水集蓄利用中水系统、分散式雨水渗透系统、集中式雨水渗透系统、屋顶绿化雨水利用系统、生态小区雨水综合利用系统等。

（5）错时分流

采用错时分流技术，在暴雨季节滞留一定时间段的生活污水让其独立于地表径流,避免溢流污染,降雨停止后再将滞留的污水导入合流制管网中正常传输。

2. 过程控污

在"源头减污"的基础之上实施"过程控污",以水量、污染物、管网、管理作为 4 个切入点,分别采取相应的措施,尽可能减轻末端污水处理厂的处理压力,同时有效降低雨季溢流污染物量。合流制管网常用的过程控污方法包括管程控制、旋流分离器控制雨水径流污染、合流管网溢流截流池、合流管网分质截流等技术。

(1)管程控制

选取合适的截流倍数,在旱季周期性冲洗管道,控制管道渗漏和渗入,减少雨天溢流污染物量。

(2)旋流分离器控制雨水径流污染

旋流分离器结构简单、成本低廉,易于安装与操作,几乎不需要维护和附属设备,可有效分离雨水径流中的固体颗粒物,大大减少排入管网的固体污染物数量。

(3)溢流截流池

雨水溢流截流池可在雨水流量增大时截流排水管网超负荷部分,在管道排水能力恢复后返回污水处理厂处理后排入受纳水体。

(4)分质截流

针对汇水区域污染程度的不同,分别构建不同截流倍数的截流系统,实现污染物的最小化排放。

3. 末端治污

"末端治污"包括两部分:① 构造管网系统末端的污染物深度净化系统,主要包括构建溢流口生物、生态、物化净化系统,进一步控制排入水体的污染物质;② 在最大化去除溢流污染物质之后,需要对整个受纳水体系统进行重新审视与修复,实现合流管网系统内的受纳水体系统的健康良性发展。这一部分的主要内容包括重建受纳水体系统的水生生态,使之成为新的生态系统中的主要初级生产者、重要生物的生境建造者和营养吸收转化的驱动者、悬浮物质沉降的促进者;重建基本的生态系统结构,使之形成具有循环功能的食物网关系;在形成生态系统基本结构的基础上,以生态工程措施恢复和提高系统的生物多样性,使之渐趋稳定,最终实现受纳水体系统自我修复能力的提高和自我净化能力的强化,由损伤状态向健康稳定状态转化。

晴天时,排水管网输送的污水均可经污水处理厂处理后排放,因此,强降雨条件下的溢流污染成为水环境污染的重要因素。在加强污水处理厂处理能力的同时,可相应地开发一些溢流污染控制技术,如磁絮凝溢流污染控制技术、多级吸附净化床溢流污染控制技术等。

## 7.3.2　实现策略

实现层次及实现基础均已在规划方案制定中阐述,不再做重复分析。实现重点将结合实现策略进行分析阐述。

### 1. 技术策略

基于合流制管网的源-流-汇综合降污技术以管网污染物削减为目的,从合流系统的源、流、汇3个方面进行综合考虑,针对雨污合流管道,根据雨污水中污染物的输运规律,分别研究污染物的原位净化和利用、生态截污、沿程降污以及新型溢流减污技术。

① 城市溢流污染控制的关键在于控制初期雨水。降雨后,最初产生的径流污染物浓度最高,污染负荷和污染冲击力最大,对初期15 mm污染径流的控制是最为有效和经济的。

② 促渗减污是城市溢流污染源控制的出发点之一,具体措施有改变城市地表的不透水性、对不透水面分割、构筑雨水和径流的促渗设施等。在对径流调控的过程中,要兼顾减少溢流污染和防止城市洪水发生两个方面。

③ 在城市集水区修建暴雨径流贮存设置,融合水质、水量、景观的要求贮存初期雨水污染径流,以便进一步处理。工程构筑物存储容量或处理规模以水质处理量为标准。

④ 城市溢流污染以径流中悬浮污染物为主要形态。沉淀、过滤等技术可以有效地去除径流中的悬浮污染物。

⑤ 区域气候降雨特征主导城市溢流污染负荷输出特征,它还影响生态工程的应用及其控制污染功能的有效发挥,因此城市溢流污染的控制要有季节性策略,选择工程要适应区域气候特征,充分发挥两者之间的协同作用。

⑥ 城市溢流污染的产生与下垫面类型有密切关系,在制定治理措施时应充分进行现场调查,尽可能利用现有的设置,因地制宜。

⑦ 城市溢流污染迁移途径工程控制通过对径流输出的滞缓、下渗、部分贮存,来增加径流输出的空间路线长度,达到减少或延缓污染物输出时间和负荷的目的。

⑧ 采取生态工程措施使城市水文生态达到良性循环,是溢流污染控制的主要措施。对溢流混合有少量分散点源的类型,工程技术选择要多样化,应以低能耗、低维护和自然化程度高的生态工程技术为主,小型高效的环境工程技术为辅。

⑨ 汇控制是城市溢流污染链式系统控制的最后环节,主要是利用自然或半自然的塘、湿地和河岸湖边带等系统来贮存、滞留、净化污染物。

⑩ 城市溢流污染成分复杂,使得目前任何一种单元技术都难以达到污染控制目标。城市溢流污染控制技术的组合方式是以城市暴雨径流的水文学过程为主线,通过水量分配原则和污染物总量控制分配原则,将自然排水体系作为设计元素,整合管理措施分散在整个区域内分配径流量,通过渗滤、贮存、拦截等多元技术选择与组合,在控制暴雨径流污染的同时,创造多功能性景观。

2. 社会经济策略

(1) 人口策略

控制人口自然增长率和人口机械增长率并重。首先,进行持续、有规划的老城区人口疏散。其次,控制老城区人口自然增长率,并严控流动人口向老城区的迁移转入,降低人口压力带来的老城区生活水环境质量恶化风险。最后,改变人们的生产、生活方式,变奢侈型消费为绿色消费,节约利用水资源,减少水污染。

(2) 产业经济策略

首先,制约重污染、重化工产业的发展,在发展支柱产业的基础上,促进产业的技术升级,大力发展高新技术产业,采用先进的科学技术实现绿色生产。其次,发展无污染的文化产业和休闲产业,调整优化文化产业结构,大力发展文化旅游、演艺、印刷包装、艺术品和民族民间工艺品等优势文化产业,鼓励发展动漫、创意、传媒、广告、出版、光存储、版权贸易等新型文化产业,积极建设动漫产业园,培育一批具有较强实力和竞争力的无污染文化休闲产业主体。再次,加大对环保产业和高科技产业的资金扶持与投入,实现产业的优化升级,减少工业水污染对水环境造成的危害。

(3) 循环经济与清洁生产策略

改变经济增长方式,变线性经济增长方式为循环型经济增长方式,促进水资源的整合利用,节约水资源,减少水污染。

3. 环保策略

(1) 城市防洪排涝策略

① 泵站设计考虑必要的减振降噪的工程措施。

② 做好景观设计。

③ 工程设计应注重绿化建设,配合工程进行沿岸绿化设计,通过选择多种类的植物与多结构的绿地建筑,不仅可提高市区绿化率,而且还能实现城市生物的多样性。

④ 在充分了解地区洪涝灾害历史和发展趋势的基础上做好泄洪排涝设计,尽量降低灾害发生概率。

⑤ 项目业主应配合项目设计单位制订清淤沟塘和清淤底泥处置方案,建设单位在底泥处置中应积极采取综合利用措施,将淤泥运送至指定地点进行填埋处理,并采取有效的污染防治措施,使淤泥堆存与处置对环境的影响减至最低程度。

⑥ 做好水土保持方案,防止水土流失。

(2) 项目工程阶段环保策略

第一,空气环境的控制策略。

① 施工期间要做到文明施工,根据施工计划制定防止扬尘污染的措施,如加设挡板、洒水,多余土方及时清运,运输车辆在离开现场上路行驶之前车轮用水冲洗,加盖帆布运输等,同时尽量避免在起风的情况下装卸物料和拆迁房屋。

② 作业地点定期检查并对敏感点 TSP(Total Suspended Particulate)进行监测,发现超标现象应限期整改。

③ 如果违反操作规定施工或有问题不及时整改,则采取行政和经济处罚。

④ 施工现场邻靠环境敏感点的一侧应设置有效、整洁的防尘土隔离围挡。

⑤ 运送散装含尘物料的车辆,要用篷布苫盖,以防物料飞扬。对运送沙石料、土、水泥、石灰的车辆应限制超载,不得沿途洒漏。粉状材料应管装或袋装。

⑥ 沟塘清除淤泥及时清运填埋,暂时堆存的淤泥应装入草包中,以减少扬尘和臭气散发。

第二,水环境控制策略。

① 生产及生活废水严禁未经任何处理外排。

② 施工场地应加强管理,防止土石方、施工材料等进入堆放地附近河道、沟塘。

③ 在工程开工前完成工地排水渠建设,保证工地排水渠在整个施工过程中畅通无阻,做到现场无积水、排水不外溢、不堵塞,出水水质应达标。

④ 施工场地物料堆放点应设置在径流不易冲刷处。粉状物料堆场应配有草包、篷布等遮盖物并在周围挖设明沟防止径流冲刷。

⑤ 加强对施工现场机械设备的管理,尽量选用技术先进、性能优良的设备与机械,加强设备的维护与管理,减少跑冒滴漏的数量及维修次数,从而降低含油污水排放量。

⑥ 机械、设备及运输车辆的维修保养尽量集中于各维修点进行,以便收集含油污水,在不能集中进行的情况下,含油污水的产生量有限(一般都小于 $0.5~\mathrm{m^3/d}$),因此可全部用固态吸油材料吸收混合后封存外运;在维修保养过程中尽量利用固态吸油材料吸收油污,避免产生含油污水。

第三,噪声环境控制策略。

① 以先进的低噪声施工工艺代替落后的高噪声施工工艺。

② 推土机、挖掘机、粉碎机及装卸车辆进出场地应限速,并加强机械设备、运输车辆的保养维修。

③ 建设和施工单位应限制施工作业时间,邻靠声环境敏感点的区域,夜间 22:00 至次日凌晨 6:00 应停止作业。

④ 规定噪声大、冲击性强并伴有强烈震动的工作尽量安排在白天进行,并尽可能地避让午休时间。

⑤ 根据国家和地方的有关法律、法令、条例、规定,施工单位应主动接受环保部门的监督管理和检查;建设单位在进行工程承包时,应将有关施工噪声控制纳入承包内容,并在施工和工程监理过程中设专人负责,以确保控制施工噪声措施的实施。

⑥ 选用规定操作设备,尽量减少碰撞噪声,尽量少用哨子等指挥作业。

⑦ 施工场地靠近学校、医院、居民区等敏感点的,必要时应设置临时隔声屏障(围墙);学校周边施工时间应和学校商议,尽量减小施工噪声对教学的干扰。

⑧ 定期对敏感点噪声水平进行监测,并对超标点提出治理方案。

第四,生态环境控制策略。

① 对于管道铺设和泵站建设过程中必须占用的绿地,要进行草皮或树木移植,不得随意损害;弃土回填后应重视表面的植被培养,以防止水土流失;施工结束后,临时占地要进行清理整治,拆除临时建筑,打扫地面,重新疏松被碾压后变得密实的土壤,洼地要覆土填平,并及时进行绿化,将水土流失降至最低限度。

② 对施工临时占地,应将原有土地表层耕作的熟土堆置一旁,待施工完毕后将熟土推平,恢复土地表层;底泥堆置过程中要有植被恢复计划,及时绿化,既可防止因风蚀雨淋产生水土流失,又有利于树草生长,可保护环境,防止河道淤积。

③ 合理安排施工进度,减少水土流失。施工要避开雨季和大风天,应避开汛期,以减少洪水的侵蚀。施工中要做到分段施工,随挖、随运、随铺、随压,不留疏松地面。

④ 划定施工作业范围和路线,不得随意扩大,应按规定操作。严格控制和管理运输车辆及重型机械施工作业范围,尽可能减少对土壤和农作物的破坏以及由此引发的水土流失。

⑤ 加强对施工人员的教育,倡导文明施工,尽量保护施工区域内的动植物。

⑥ 提高工程施工效率,缩短施工工期。

⑦ 在施工中破坏植被的地段,施工结束后,必须及时进行植被恢复工作。

第五,固体废弃物控制策略。

① 建筑垃圾和弃方应按当地有关部门规定统一处置,生活垃圾由环卫部门收集后统一处理。

② 沟塘清淤过程挖出的淤泥要及时处置,减少在施工场地的堆放时间。

第六,社会环境保障策略。

① 按照我国政府及当地的有关征地拆迁安置政策和补偿办法,对被征用土地和拆迁房屋的村民进行合理补偿和再安置工作,认真倾听移民意见,保证移民的工作与生活条件不低于现有水平,住房面积得到改善,学校、医院、幼托、商店、交通等公共设施配套齐全。

② 管线、河道分段施工,尽快完成开挖、回填,临近医院、学校、车站等公共设施时尤其要注意设置临时便道,并配设交通警示标志,在交通高峰应由交警进行疏导和调度,保证道路畅通;材料运输应避免交通高峰期,以减轻城市车流压力。

③ 加强对管理、施工人员在文物保护方面的教育和意识的培养,一旦发现文物古迹,应立即通知当地文物保护部门,并及时保护好现场,待文物部门妥善处理后再继续施工。

④ 施工进行之前做好宣传告知工作,施工过程中设立投诉热线,及时听取群众意见并在施工过程中不断改进。

**4. 规划管理策略**

城市政府应该因地制宜制定一套城市溢流污染控制管理措施,落实监督管理机制。因此,从管理方面来看,对溢流污染物产生的源头进行控制,可以大大降低暴雨径流的污染负荷。

**(1) 综合管理,统一规划**

发展改革委员会应指导并督促环境综合整治项目及资金投入的实施,将流域水污染防治工作纳入地方国民经济和社会发展计划中。对《城市排水规划》中提出的一些需要政府支持的项目,应加强对项目前期工作、年度投资计划的指导和督促,并会同财政部门落实资金来源。经济贸易委员会应指导督促地方产业结构调整、企业技术改造、推行清洁生产计划的实施。科技部门负责指导流域水污染防治重大科技问题的研究工作。财政部门应指导并督促《城市排水规划》确定的项目资金的落实,按照收支两条线原则,加强有关收费资金的管理。国土资源部门应指导并督促有关土地利用和土地使用管理。建设部门应指导并监督城镇污水处理和生活垃圾处理设施建设计划的制定和实施,特别是对工程的前期准备、招投标和工程质量,要加强监督检查工作,促进污水处理和垃圾处理收费机制的良性循环。交通部门应指导并督促有关航道整治、水上运输船舶污染防治工作计划的实施。水利部门应指导并督促水利工程和流域水资源的合理分配及水土保持、小流域综合治理、清淤、保障生态用水工程等计划的制定和实施,加大取水许可工作的力度。农业部门应指导并组织农业非点源污染治理、生态农业建设、无公害及绿色食品基地建设等项目的实施,进一步摸清农业非点源污染底数,推广科学施肥、安全用药技术,指导并组织农业非点源污染防治计划的制定和实施。林业部门应负责流域内的防护林带建设、湿地修复和生物多样性保护等生态恢复、保护和建设职能。旅游部门应指导并监督宾馆饭店、水上餐厅等旅游污染的防治工作,提倡开展生态旅游。环保部门应对水污染防治工作实施统一监督管理、统一规范性监测、统一发布水质状况,做好联席会议的牵头工作,组织协调流域重大环境问题的解决方案,加大跨界水质保护的统一监管,加强农村生态环境保护监督,组织政府和各有关部门实施《城市排水规划》的监督检查,并将结果报告当地人民政府。

（2）规划先行,预防为主,防治结合

① 在制定城市新区建设和旧城改造规划时,要充分考虑城市溢流污染控制的需要。可以通过合理布局城市功能,规划和使用生态型排水系统,增加雨水下渗量,保持一定量的城市湿地,减少城市溢流污染的产生。

② 保证城区有适当比例的透水性地面面积,具体措施有扩大绿地面积,人行道、停车场、广场等尽可能使用透水性材料等,加大源区雨水入渗量。

③ 城市的新建区和旧城改造区一般应采取雨污分流制下水道。对老城区雨污合流制下水道应该严格按建设规范进行改造,增加沉砂井的数量和容积。

④ 分区控制。由于城区功能布局不同,土地利用不同,人类活动的干扰程度不同,对于不同的地区应采取因地制宜的措施。

（3）落实监督管理机制

① 建立健全政策、法律和制度体系,加强新建项目的环境管理。管道末

端技术适用于减轻点源污染,但控制非点源污染、实施减少废物措施以及湖内治理则要求采取一套综合办法进行水资源管理。严格执行环境影响评价制度和分期考核制度,不符合水污染防治工作要求的一律不得审批,对违反规定的要追究相关责任人的责任。将管网建设放在城镇污水处理工程建设的突出位置,加强科学规划和投资力度。

② 推行清洁生产审核工作。分批分期地在重点区域及重点行业推行清洁生产审核工作,在生产过程中减少污染物的排放量,依靠 ISO14000 国际环境管理标准,强化环境管理,提高对各类污染源的控制水平。

③ 全面实行水污染物排放总量控制制度,对主要水污染物(COD、$NH_3$-N)实行排污许可证及总量控制制度。排污许可证制度的建立和执行是规划目标完成的措施之一,环保部门应严格按照流域水污染防治规划中规定的总量目标发放排污许可证。

④ 建立有效的水污染防治投资机制、运营机制、收费和价格机制。水污染防治要充分发挥市场机制的作用,拓宽资金渠道,引导社会资金积极投入。一是在实施工程项目时要统筹考虑资金筹措、运行机制、成本效益等问题,即在实施水污染防治项目时,要同时制定并实施筹资、管理、运行的改革规划。二是制定合理的污水处理收费标准。要落实中央政府已经出台的污水处理收费政策,加大征收和管理力度,推进污水处理产业化,增强水污染治理项目的融资能力,推进污染治理企业化、市场化、产业化进程。

⑤ 建立健全工业园区的环境管理。面对我国发展的新形势,应明确工业园区的环境管理体制,把工业园区环保工作纳入地区环保工作,切实加强环境管理,建立环保重大事件问责制。严格执行区域环评制度,依据区域的环境容量,确定发展目标。实行环境功能分区,对环境敏感地区严格限制重污染工业企业的建设,对于效益好、技术含量高、污染轻、符合产业导向的产业优先准入。在园区开展以资源综合利用为核心的污染集中控制,鼓励创建"生态工业园区",发展循环经济。

具体到溢流污染控制的实践,监督管理决策具体表现为以下几点:

① 城市溢流污染物的来源主要是地表的街土、垃圾等,在卫生管理不善的城区这一问题特别突出。增加城市地表的清扫频次和有效性,减少垃圾散落,保持地表清洁,通过减少污染物质与暴雨径流潜在的混合机会,可从

根本上降低溢流污染负荷。

② 禁止向雨水口倾倒垃圾,定期清理排水系统的沉泥,禁止向雨水口接餐饮、洗衣和其他污水下水管。

③ 政府应鼓励在家庭、小区和区域多尺度进行雨水资源化利用,制定相关的优惠政策。

④ 城市溢流污染的控制涉及政府、开发商和广大群众,应由专人负责,多部门协同工作,群众参与并监督,解决多方面的利益冲突。

⑤ 加强关于城市溢流污染的宣传教育,以提高居民的水环境保护意识,鼓励公众积极参与。

## 7.3.3　保障措施

### 1. 建立和完善长效管理保障机制

加强对政府排水规划实施的组织管理工作,围绕可持续发展的战略,整体谋划,综合协调,持之以恒,常抓不懈。把排水管网建设与经济建设有机结合,将任务和实际成效作为重要考核内容纳入各级政府和有关部门的责任制范围,实行年度目标考核,保证政府排水规划的各项工作任务落到实处。

### 2. 增强法制观念,加大执法力度

严格按照国家及地方性法律法规办事,不断增强法制观念。继续坚持"三同时"制度,深入贯彻落实国家环境保护的法律法规,将环境影响评价由现行的建设项目评价提升到战略决策评价,从决策和源头上控制环境污染和生态破坏。

### 3. 实施长效管理,确保工业污染源稳定达标排放

建立企业污染治理设施运行规范化管理制度,加大设施运行的监督检查力度和频次,进一步建立和完善重点污染企业设施自动监控系统。继续实施排污总量控制,开展综合排污许可证试点工作,严格控制超标、超量排放,强化排污收费和环保行政执法监督工作。

### 4. 加强环境监测能力建设

切实做好河湖流域水污染防治工作,进一步掌握该流域污染治理的环境效果,对污染源达标情况、排污总量和环境质量变化趋势进行实时监测,

为决策部门提供及时有力的技术支持。

**5. 创新经济核算体系**

积极探索绿色国民经济核算,引导企业经营者大力发展循环经济,积极延伸企业生产链,对现有资源进行多角度、多层次、多轮回地开发利用,实现企业利润的最大化和经济活动的生态化。

**6. 建立可持续利用的水环境保障体系**

以市、镇、村为点,以道路、河渠、堤岸、农田网格为线,以地方河湖流域为面,营造点、线、面相结合的布局合理、结构优化、功能完备的合流制管网体系。发展节水农业和节水工业,限制耗水产业项目,污水处理后回用,提高用水效率。农业结构调整优先发展节水作物,重点发展滴灌、微灌,注意修建防渗渠道。科学制定水资源供求计划,做好蓄水、引水、调水工作,正确处理防洪与抗旱、开源与节流、上游与下游、城市与农村的用水矛盾,管好用好水资源,控制水污染。

**7. 严格控制人口增长,减轻资源环境承载力**

继续执行控制人口增长的行政首长目标管理责任制,落实并完善现行各项控制人口增长的措施,提高出生人口质量和居民健康水平。

**8. 建立稳定可靠的保障支持体系**

综合治理环境污染,改善生态环境。加大城镇生活污水治理力度,调整产业结构,控制面源污染,改善地方河湖流域生态环境。依法控制新的工业污染源产生,积极推广清洁工艺,减少资源消耗;加强固体废弃物的无害化处理;建设城镇生活垃圾处理工程;严格执行自然保护区的法规政策,保护生物多样性;建设地质灾害防治和生态恢复工程。

# 7.4　合流管网系统的规划管理

## 7.4.1　提高合流管网溢流污染控制规划的有效性

**1. 流域水污染控制规划可以考虑制订不同的规划方案**

为了能够更好地体现规划工作的意义,建议在编制控制改造规划时,对规划目标设立不同的规划方案,并进行相应的环境评价,给出相应的环境影响控制措施,这样不仅可以使规划的实施更具可操作性,而且也可以预先考虑到流域规划可能产生的环境影响,并采取应对措施。

**2. 合流管网溢流污染控制规划应坚持综合治理,加强科学研究**

老城区合流管网溢流污染治理是一项系统工程,还有许多技术难题有待解决,需要安排一系列科技攻关项目,促进治理工作深入开展。对城市老城区合流管网溢流污染的治理,不仅要抓好末端治理,还要考虑源头减污和过程控污的作用。

**3. 合流管网溢流污染控制规划应与区域发展相结合,建立综合决策机制**

开展合流管网溢流污染控制规划工作,建立环境与发展综合决策机制,不仅能够实现环境问题的源头控制,而且也从单纯地考虑环境影响转向社会、经济、环境多方面的综合协调。开展合流管网溢流污染控制规划,要求改变传统的决策观念和决策模式,并将可持续发展思想融合到决策中去,保证规划的成果为决策者所采纳或考虑,并且形成必要的决策机制。

## 7.4.2　确保合流管网溢流污染控制规划的有效实施

**1. 法律保障**

经验证明,一项制度能够确立和实施,必须有强大的法律后盾。目前各地方行政管理部门有一定的差异,造成责权交叉,管网规划管理机构责权不明,没有足够的权力实施统一的规划和管理,并协调经济发展与环境保护的关系。要使合流管网溢流污染控制规划能够在我国顺利展开,就必须提供强有力的法律制度的保障,同时可制定一些标准和规范,迫使决策者按照法律规定的程序和内容,在决策过程中有效实施合流管网溢流污染控制规划。

**2. 技术保证**

开展合流管网溢流污染控制规划工作,建立环境与发展的综合决策机制,需要大量的数据积累和基础研究的支持,这就要求将合流管网溢流污染控制数据库的建立、模型工具的应用研究以及对流域社会、经济、环境的综合研究作为合流管网溢流污染控制规划的基础。在对合流管网体系进行重大发展决策或规划之前,不仅要了解和掌握当地环境与资源的承载能力,还应掌握对政策、规划和计划进行决策的技术方法,并结合规划适宜性特点及当前的先进技术手段,如计算机仿真技术、地理信息系统(GIS)技术等,逐步建立合流管网溢流污染控制规划技术支持系统。

### 3. 公众参与

公众是合流管网的使用者与维护者,他们的参与将提高合流管网溢流污染控制规划管理的可行性和合流管网溢流污染控制规划的效率和效果。管网管理牵涉的源多面广,规范而有效的公众参与机制将使流域环境管理更易被群众接受,从而对破坏环境的各种行为起到督促作用,有利于管理规划和政策的实施,有利于对合流管网管理机构进行监督并防止垄断。同时,还需建立和完善专家咨询制度和重大决策听证制度,建立专家咨询委员会,组织专家对重大项目实施可能带来的生态环境损益和需要采取的补救措施进行论证预审。

# 第 8 章

# 合流管网系统溢流污染控制的案例研究

## 8.1 镇江市老城区合流管网存在的问题

1. 区域内合流管网溢流污染严重

近年来,镇江市通过创建"国家环保模范城市"等环保专项整治行动以及"关、停、并、转、迁"等系列措施,在一定程度上削减了来自工业等的外污染源负荷,基本遏制了镇江市水环境进一步恶化的趋势。在对点源污染实施强有力控制措施后,溢流污染控制已成为镇江市水污染控制的难点和关键问题之一。

造成镇江城市水体恶化的面源主要是降雨初期对城市地表冲刷造成的城市溢流污染。根据资料分析,古运河流域降雨径流中污染物含量占入河污染物总量的 70% (以 COD 计),并且由于面源污染本身就具有分散性、随机性和不确定性,因此难以控制。

根据调查,城市水体中 BOD 与 COD 总量的 40% ~ 80% 来自城市溢流污染,在降雨较多的年份,这个比例将达到 90% ~ 94%。

2. 旱流污水收集率有待进一步提高

镇江市古运河中段区域污水管道的铺设落后于城市的发展建设,污水管网的普及率仅为 85%,生活污水截流不完全,部分城市污水最终排入城市水体,各流域的污染负荷呈增加趋势。由于该区域排水系统为合流制,支管分流困难,仍未形成独立的污水截流、分流系统,大量污水直接排入水体,并且受体制和经济因素的制约,丁卯泵站的引水换水功能未发挥,使河水水质不断恶化。丁卯区域未形成完整的污水干管收集系统,建成区也未做雨污分流改造和污水截流工程,该流域内大量的工业(主要是食品工业)污水及越来越多的居民生活污水直接排入古运河及其支流。目前,古运河上四明河支流水体污染严重,受食品工业色素污染,河流局部呈黑褐色。

镇江市老城区排水管网以截流式合流制为主,新建地区、旧城改造及道路改造后实行分流制。镇江市1993年开始建设污水截流工程,2003年建成了古运河(上游)、运粮河、内江3个截流系统和7个污水(雨水)提升泵站以及征润洲污水处理厂。目前主城区合流制管渠约占所有排水管道的53.0%,排水管道总长约646.384 km,属于市政管养的排水管道长474.368 km,排水管道密度为2 407 m/km²(以建成区为基准)。古运河支流——团结河、四明河、周家河等流域尽管在新、改建道路中铺设了污水干管,但污水干管未形成完整的系统,建成区也未建设雨污分流改造和污水截流工程。在丁卯区域,新建的纬七路、经九路已按分流制建成独立的污水管网,但是并未做到支管到户。目前古运河(中段)系统未形成完整的污水截流、分流系统,大量污水仍直接排入水体。

3. 城市老城区合流管网改造压力大

目前,镇江市排水管网为合流制、分流制并存,其中老城核心区为截流式合流制,新建地区、旧城改造及道路改造实行分流制,截流区以外城郊结合区以合流制为主。

镇江市城区现有污水管道(含污水截流工程)长227 km,其中丁卯、老城区、南徐新城污水管道长114 km,大港片区污水管道长78 km,丹徒新区污水管道长27 km,谏壁、高资污水管道各约长4 km。合流制管道长251 km,主要集中在老城区。

从2004年开始,镇江市政府致力于老城区合流制管网的改造,先后投资近亿元工程费用,改造工程均为分流制,大多未考虑区域的实际特点,改造工程亦带来一些问题,如工程投资大,对周围居民生活影响大,改造施工难度大,合流管网系统复杂等。

目前,一些发达国家已逐步取消了合流制管网的分流制改造,取而代之的是一些新型的管网改造技术,如快渗型地面雨水系统、生态沟渠型雨水系统等。如何研究或引进一些先进的适合镇江城市特点的新型合流管道改造技术,成为相关部门关注的重点。

4．排水设施存在问题

（1）部分管道淤塞的现象时有发生，尤其是雨水连管，主要原因是大部分现状管道管径的最初设计偏小、管道所服务的汇水面积增加以及径流系数增大。部分地区的路面上无雨水箅子井或边沟，雨水在路面上呈一种无序的流动状态，造成积水。

（2）现有排水系统内存在一定的混接、错接现象。

（3）由于排水工程建设、管理、技术设备投入资金有限，旧排水系统得不到及时维护和更新，超期服役现象多。

（4）污水排放口多，难以有效管理。部分企业自行处理污水后直接排放，由于排放口较多，监管困难，而各企业管理、技术水平不一，超标排放时有发生。

（5）多头管理。受原有体制的影响，不同时期、不同地区建设的排水系统可能归不同部门管理和维护：有的属于市排水管理处，有的属于街道，有的属于某个房地产开发公司，有的属于新区管委会或市交通部门，这样的情形势必造成混乱和推诿，不利于排水工程建设、管理与维护。

（6）区域内存在大量渗漏严重的管道需要进行修复，以改善古运河水体状况。

# 8.2　镇江城市溢流受纳水体（古运河）现状

2009 年对研究区域进行了排口现状调查，调查结果表明，除了古运河干流中山桥至塔山桥段已铺设截流干管，7 个排口旱流污水全部拦截以外，塔山桥至经十二路、周家河、四明河均未铺设截流干管，以上区域共有污水排口 35 个，其中塔山桥至经十二路共有排口 12 个，古运河支流周家河段共有排口 11 个，四明河段共有排口 12 个。

## 8.2.1　污水排口现状调查

1．干流污水排口统计

（1）中山桥至塔山桥（城区段）

该段全长约 5.2 km，主要排口共 7 个，总排水量约 4 968 m³/d，排口调查情况见表8.1。

表 8.1　古运河(中山桥—塔山桥)排口统计

| 排口编号 | 排口管径 $D$/mm | 排口标高/m | 日排水量/t | pH | 汇水区域 |
|---|---|---|---|---|---|
| 1 | 150 | 4.2 | 288 | 5.0 | 滨河路 11-7 幢 |
| 2 | 250 | 4.1 | 129 | 7.1 | 部队部分片区 |
| 3 | 300 | 3.8 | 907 | 6.0 | 镇江市第五中学范围 |
| 4 | 1 400 | 3.5 | 1 000 | 6.5 | 解放路南段、正东路西段、南门大街、京河路等片区 |
| 5 | 250 | 3.5 | 100 | 6.5 | 不明确 |
| 6 | 600 | 5.4 | 1 244 | 6.5 | 905 库 |
| 7 | 1 000 | 5.2 | 1 300 | 6.8 | 塔山桥西 |
| 合计 | | | 4 968 | | |

该段已铺设截流干管,旱天污水全部截流至江滨泵站,降雨时有部分溢流污水直接排入古运河。

(2) 塔山桥至经十二路

该段沿线有周家河、四明河两条城区支流汇入,近几年该区域经济发展极为迅速,住宅建设猛增,居住人口不断增加,污水量也在大幅度增加。经调查,古运河干流自塔山桥至经十二路,沿线共有污水排口 12 个,总排水量约 4 711 $m^3$/d,排口调查情况见表 8.2。

表 8.2　古运河(塔山桥—经十二路)排口统计

| 排口编号 | 排水管径 $D$/mm | 排口标高/m | 日排水量/t | pH | 汇水区域 |
|---|---|---|---|---|---|
| 1 | 400 | 3.2 | 212 | 7.2 | 聋哑学校片区 |
| 2 | 300 | 3.3 | 128 | 7.3 | 河西岸住宅楼 |
| 3 | 300 | 3.0 | 722 | 7.1 | 聋哑学校片区 |
| 4 | 300 | 3.0 | 981 | 7.1 | 尚不明确 |
| 5 | 800 | 4.1 | 788 | 7.2 | 枫林湾 |
| 6 | 1 000×1 500 * | 2.5 | 178 | 7.3 | 不明确 |
| 7 | 500 | 4.1 | 40 | 7.2 | 不明确 |

| 排口编号 | 排水管径 $D$/mm | 排口标高/m | 日排水量/t | pH | 汇水区域 |
|---|---|---|---|---|---|
| 8 | 1 000 | 3.4 | 280 | 7.2 | 谷阳路 |
| 9 | 1 200 | 7.2 | 178 | 7.1 | 谷阳路 |
| 10 | 500 | 5.5 | 228 | 7.2 | 纬七路 |
| 11 | 400 | 4.2 | 488 | 7.3 | 丁卯泵站 |
| 12 | 400 | 4.2 | 488 | 7.2 | 丁卯泵站 |
| 合计 | | | 4 711 | | |

注:*表示水渠的宽度和深度。

该段未铺设截流干管,污水全部直接排入古运河。

2. 支流污水排口统计(塔山桥至经十二路段)

(1) 周家河排口

周家河承担南山东南侧雨水排泄功能,呈南北走向,同时承担周家河片区部分生活污水排放,沿线共有污水排口 11 个,总排水量约 6 436 $m^3$/d,排口调查情况见表8.3。

表8.3　周家河排口统计

| 排口编号 | 排水管径 $D$/mm | 排口标高/m | 日排水量/t | pH | 汇水区域 |
|---|---|---|---|---|---|
| 1 | 500 | 6.79 | 864 | 9.0 | 锚链厂 |
| 2 | 300 | 6.58 | 144 | 7.0 | 新航铸造 |
| 3 | 300 | 6.98 | 144 | 7.0 | 涂料厂 |
| 4 | 水沟 | 5.41 | 1 440 | 7.0 | 五凤口村 |
| 5 | 水沟 | 5.03 | 864 | 7.0 | 五凤口村 |
| 6 | 水沟 | 5.09 | 1 440 | 7.0 | 伏氏商贸 |
| 7 | 500 | 5.95 | 14 | 7.0 | 美意家园 |
| 8 | 300 | 5.85 | 14 | 7.0 | 美意家园 |
| 9 | 300 | 5.87 | 43 | 7.0 | 美意家园 |
| 10 | 400 | 4.65 | 29 | 7.0 | 美意家园 |
| 11 | 500 | 4.23 | 1 440 | 7.0 | 丁卯桥路 |
| 合计 | | | 6 436 | | |

该段未铺设截流干管,污水全部直接排入周家河,后汇入古运河。

（2）四明河排口

四明河呈南北走向，承担官塘桥镇东大片农田区的排洪功能和丁卯桥南大部分污水排放功能，沿线共有污水排口 12 个，总排水量约 5 256 m³/d，排口调查情况见表8.4。

**表 8.4 四明河排口统计**

| 排口编号 | 排水管径 D/mm | 排口标高/m | 日排水量/t | pH | 汇水区域 |
|---|---|---|---|---|---|
| 1 | 1 000 | 2.94 | 1 008 | 7.0 | 丁卯桥农贸市场 |
| 2 | 500 | 3.29 | 144 | 6.2 | 丁卯桥农贸市场 |
| 3 | 1 000 | 4.34 | 720 | 7.0 | 丁卯桥农贸市场 |
| 4 | 300×600* | 3.21 | 72 | 7.0 | 丁卯桥农贸市场 |
| 5 | 600 | 4.34 | 288 | 7.0 | 钢材市场 |
| 6 | 400 | 5.54 | 288 | 7.0 | 钢材市场 |
| 7 | 400 | 5.62 | 288 | 7.0 | 钢材市场 |
| 8 | 800 | 4.31 | 720 | 7.0 | 锦绣花园 |
| 9 | 250 | 4.87 | 144 | 7.0 | 公共厕所 |
| 10 | 250 | 5.62 | 144 | 7.0 | 钢材市场 |
| 11 | 1 000 | 4.87 | 1 152 | 7.0 | 古桥名苑 |
| 12 | 300 | 4.63 | 288 | 6.8 | 严岗村 |
| 合计 | | | 5 256 | | |

注：* 表示水渠的宽度和深度。

该段未铺设截流干管，污水全部直接排入四明河，后汇入古运河。

## 8.2.2 各排污口水量、水质变化趋势分析

### 1. 古运河干流排口水量变化

由于中山桥至塔山桥（城区段）已经完成截流干管的建设，因此该段旱天无污水排入古运河。

而塔山桥至经十二路段各排口旱天排入古运河污水水量如图8.1所示。

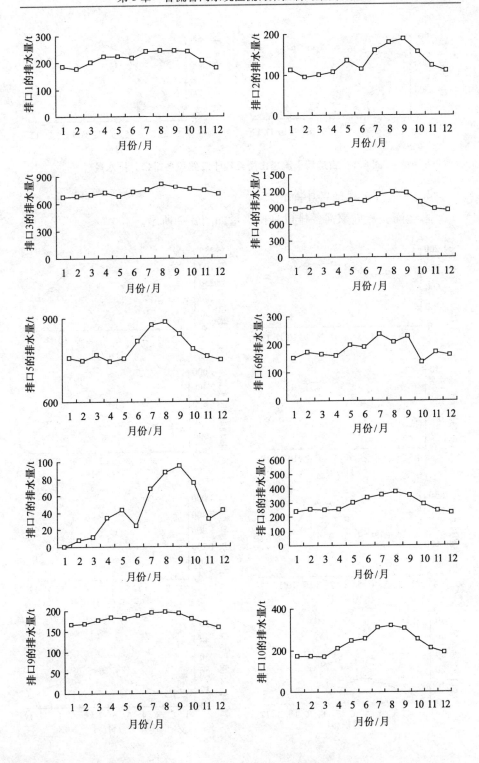

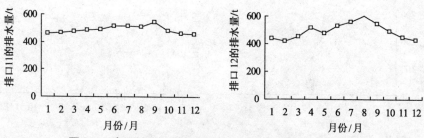

**图8.1　古运河干流塔山桥至经十二路段各排口月排水量**

2. 古运河支流排口月排水量

古运河支流周家河各排口月排水量如图8.2所示。

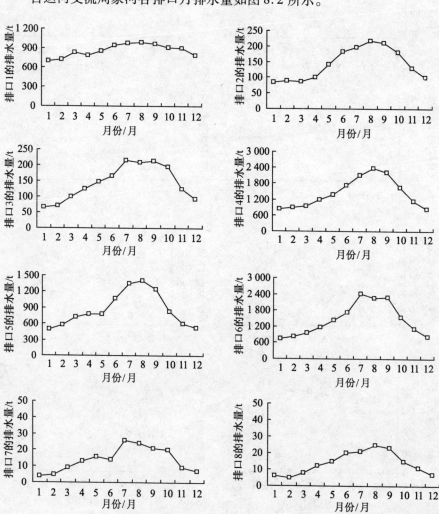

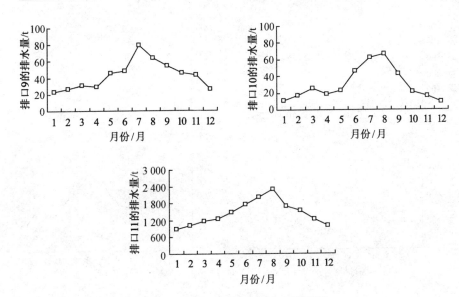

图8.2　周家河支流各排口月排水量

四明河各排口月排水量如图8.3所示。

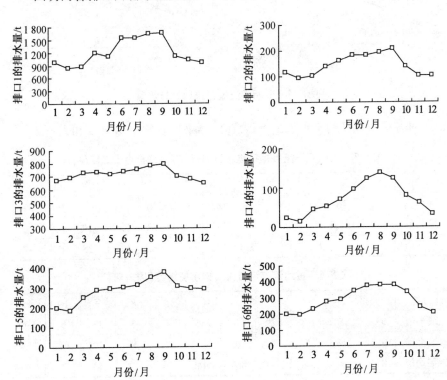

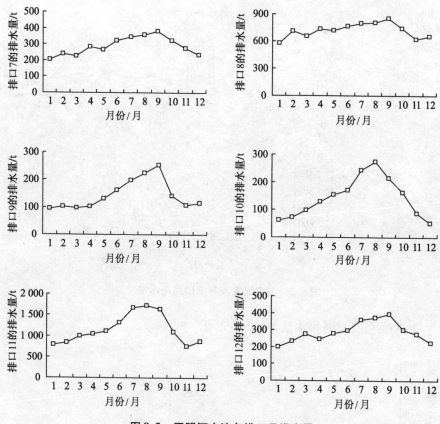

图8.3　四明河支流各排口月排水量

对各排口月平均排水水量进行统计,结果见表8.5、表8.6和表8.7。

表8.5　古运河干流各排口排水量统计(塔山桥至经十二路段)　　　t

| 排口 | 1 | 2 | 3 | 4 | 5 | 6 | 7 | 8 | 9 | 10 | 11 | 12 |
|---|---|---|---|---|---|---|---|---|---|---|---|---|
| 最小值 | 176 | 93 | 671 | 851 | 744 | 137 | 0 | 226 | 158 | 167 | 458 | 421 |
| 最大值 | 245 | 187 | 815 | 1173 | 886 | 237 | 95 | 373 | 196 | 319 | 548 | 605 |
| 平均值 | 212 | 128 | 722 | 981 | 788 | 178 | 40 | 282 | 178 | 228 | 488 | 488 |

表8.6　古运河支流各排口排水量统计(周家河)　　　t

| 排口 | 1 | 2 | 3 | 4 | 5 | 6 | 7 | 8 | 9 | 10 | 11 |
|---|---|---|---|---|---|---|---|---|---|---|---|
| 最小值 | 695 | 85 | 67 | 829 | 498 | 756 | 4 | 5 | 23 | 9 | 899 |
| 最大值 | 985 | 218 | 217 | 2 376 | 1 404 | 2 413 | 26 | 25 | 79 | 67 | 2 290 |
| 平均值 | 864 | 144 | 144 | 1440 | 864 | 1 440 | 14 | 14 | 43 | 29 | 1 440 |

**表8.7　古运河支流各排口排水量统计(四明河)**　　　　t

| 排口 | 1 | 2 | 3 | 4 | 5 | 6 | 7 | 8 | 9 | 10 | 11 | 12 |
|------|---|---|---|---|---|---|---|---|---|----|----|----|
| 最小值 | 841 | 95 | 645 | 15 | 183 | 195 | 203 | 579 | 95 | 53 | 751 | 201 |
| 最大值 | 1 672 | 208 | 793 | 139 | 379 | 381 | 382 | 854 | 254 | 275 | 1728 | 393 |
| 平均值 | 1 208 | 144 | 721 | 72 | 288 | 288 | 288 | 720 | 144 | 144 | 1152 | 288 |

由以上监测数据计算可知,古运河各排口旱流污水排放总量平均为 16 605 $m^3/d$,介于 11 828 ~ 23 237 $m^3/d$。

3. 古运河干流排口水质分析

对塔山桥至经十二路段各排口旱流污水水质进行监测,结果见表8.8。

**表8.8　古运河干流各排口水质分析(塔山桥至经十二路段)**

| 排口 | DO/(mg/L) | pH | COD/(mg/L) | TP/(mg/L) | NH₃-N(mg/L) | SS/(mg/L) |
|------|-----------|-----|-----------|-----------|-------------|-----------|
| 1 | 6.47 | 6.4 | 143 | 1.81 | 10.34 | 149 |
| 2 | 6.25 | 6.5 | 155 | 1.52 | 12.34 | 148 |
| 3 | 5.36 | 6.5 | 162 | 1.55 | 14.53 | 171 |
| 4 | 6.14 | 6.4 | 132 | 1.47 | 11.29 | 154 |
| 5 | 6.60 | 6.5 | 178 | 1.31 | 10.35 | 134 |
| 6 | 5.32 | 6.4 | 147 | 1.15 | 13.37 | 161 |
| 7 | 3.41 | 6.4 | 158 | 1.69 | 11.22 | 153 |
| 8 | 3.10 | 6.5 | 143 | 1.54 | 12.26 | 155 |
| 9 | 4.24 | 6.3 | 156 | 1.71 | 15.17 | 172 |
| 10 | 4.36 | 6.5 | 151 | 1.86 | 15.15 | 167 |
| 11 | 6.43 | 6.4 | 162 | 1.27 | 13.16 | 183 |
| 12 | 6.31 | 6.5 | 168 | 1.45 | 11.48 | 166 |

周家河支流各排口水质分析见表8.9。

**表8.9　周家河支流各排口水质分析**

| 排口 | DO/(mg/L) | pH | COD/(mg/L) | TP/(mg/L) | NH₃-N(mg/L) | SS/(mg/L) |
|------|-----------|-----|-----------|-----------|-------------|-----------|
| 1 | 5.23 | 6.2 | 145 | 1.36 | 7.54 | 187 |
| 2 | 4.52 | 6.2 | 165 | 1.27 | 7.82 | 156 |
| 3 | 3.8 | 6.4 | 137 | 1.18 | 8.10 | 184 |
| 4 | 3.0 | 6.5 | 386 | 1.08 | 5.74 | 838 |
| 5 | 3.4 | 6.3 | 156 | 1.40 | 7.98 | 149 |

| 排口 | DO/（mg/L） | pH | COD/（mg/L） | TP/（mg/L） | NH$_3$-N（mg/L） | SS/（mg/L） |
|---|---|---|---|---|---|---|
| 6 | 4.3 | 6.5 | 164 | 1.53 | 8.15 | 159 |
| 7 | 3.1 | 6.7 | 189 | 1.74 | 8.87 | 174 |
| 8 | 4.2 | 6.3 | 153 | 1.59 | 8.12 | 163 |
| 9 | 4.7 | 6.4 | 137 | 1.21 | 8.32 | 197 |
| 10 | 4.3 | 6.5 | 174 | 1.3 | 8.41 | 156 |
| 11 | 4.2 | 6.6 | 158 | 1.48 | 7.98 | 138 |

四明河支流各排口水质分析见表8.10所示。

表8.10　四明河支流各排口水质分析

| 排口 | DO/（mg/L） | pH | COD/（mg/L） | TP/（mg/L） | NH$_3$-N/（mg/L） | SS/（mg/L） |
|---|---|---|---|---|---|---|
| 1 | 4.4 | 6.3 | 164 | 1.53 | 8.21 | 174 |
| 2 | 4.8 | 6.7 | 143 | 1.45 | 8.23 | 183 |
| 3 | 5.1 | 6.4 | 127 | 1.38 | 8.34 | 194 |
| 4 | 4.0 | 6.3 | 384 | 1.14 | 5.98 | 768 |
| 5 | 5.4 | 6.2 | 147 | 1.47 | 8.45 | 174 |
| 6 | 4.9 | 6.5 | 154 | 1.38 | 8.21 | 139 |
| 7 | 4.1 | 6.6 | 194 | 1.56 | 9.12 | 159 |
| 8 | 4.0 | 6.4 | 127 | 1.48 | 8.02 | 163 |
| 9 | 4.1 | 6.5 | 154 | 1.42 | 8.36 | 194 |
| 10 | 4.3 | 6.3 | 173 | 1.49 | 8.28 | 148 |
| 11 | 4.4 | 6.4 | 148 | 1.34 | 8.47 | 139 |
| 12 | 3.0 | 6.6 | 185 | 1.58 | 9.32 | 173 |

由表8.8至表8.10可以看出,古运河及支流上的各排口的水质均接近生活污水水质指标,远远超出《地表水环境质量标准》(GB 3838—2002)中劣Ⅴ类水体水质指标。

## 8.2.3　断面水质评价

1. 水质评价方法及标准

1) 评价方法

（1）采用单因子评价法

单因子评价指数是最简单的环境质量指数。单因子环境质量指数是无

量纲数,表示某种评价因子在环境中的观测值相对于环境质量评价标准的程度,即超标倍数。它的一般定义式为

$$P_i = C_i/S_i \tag{8.1}$$

式中: $P_i$——单因子评价指数;

　　　$C_i$——第 $i$ 种评价因子在环境中的观测值;

　　　$S_i$——第 $i$ 种评价因子的评价标准。

　　$P_i$ 的数值越大,表示该单项的环境质量越差。

(2) 污染物分担率法

污染物分担率的计算如下:

$$K_i = P_i/P \tag{8.2}$$

式中: $K_i$——某污染物的污染分担率,%;

　　　$P_i$——某污染物的单项污染指数,其值等于 $C_i/S_i$;

　　　$P$——综合污染指数,其值等于 $\sum_1^n P_i$( $n$ 为相应水体检测污染物的项目数)。

2) 评价标准

河流水质现状评价标准采用国家公布的《地表水环境质量标准》(GB 3838—2002)。

3) 评价因子

选定以下 4 个指标作为评价因子: $COD_{Cr}$, $BOD_5$, TP, $NH_3$-N。

**2. 古运河断面数值污染状况评价**

表 8.11 中列出了 2010 年春季监测断面的水质指标。由表可知:春季古运河 $COD_{Cr}$ 浓度介于 21.2 ~ 43.4 mg/L, 南水桥 $COD_{Cr}$ 浓度最高; $BOD_5$ 浓度介于 8.96 ~ 17.14 mg/L, 南水桥 $BOD_5$ 浓度最高; $NH_3$-N 浓度介于 2.41 ~ 7.974 mg/L, 南水桥 $NH_3$-N 浓度最高; TP 浓度介于 0.447 ~ 0.839 mg/L,南水桥 TP 浓度最高。根据《地表水环境质量标准》(GB 3838—2002)可知,春季古运河各断面水质均为劣 V 类水体。

表8.11　春季古运河水质指标平均值和水质类别

| 断面 | $COD_{Cr}$ | | $BOD_5$ | | $NH_3\text{-}N$ | | TP | | pH | |
|---|---|---|---|---|---|---|---|---|---|---|
| | 平均值[a] | 类别[b] | 平均值[a] | 类别[b] | 平均值[a] | 类别[b] | 平均值[a] | 类别[b] | 平均值[a] | 类别[b] |
| 京口闸 | 21.2 | Ⅳ | 8.96 | Ⅴ | 2.410 | 劣Ⅴ | 0.447 | 劣Ⅴ | 7.404 | Ⅰ |
| 珍珠桥 | 28.2 | Ⅳ | 9.46 | Ⅴ | 4.288 | 劣Ⅴ | 0.584 | 劣Ⅴ | 7.364 | Ⅰ |
| 南水桥 | 43.4 | 劣Ⅴ | 17.14 | 劣Ⅴ | 7.974 | 劣Ⅴ | 0.839 | 劣Ⅴ | 7.364 | Ⅰ |
| 塔山桥 | 35.0 | Ⅴ | 13.82 | 劣Ⅴ | 7.474 | 劣Ⅴ | 0.812 | 劣Ⅴ | 7.406 | Ⅰ |
| 周家河 | 34.0 | Ⅴ | 12.00 | 劣Ⅴ | 4.624 | 劣Ⅴ | 0.769 | 劣Ⅴ | 7.422 | Ⅰ |

注：a 表示指标浓度的平均值,单位 mg/L, pH 除外;b 表示按《地表水环境质量标准》(GB 3838—2002)划分的水体类别。

表 8-11 中,$COD_{Cr}$浓度由大到小依次为南水桥、塔山桥、周家河、珍珠桥、京口闸;$BOD_5$浓度由大到小依次为南水桥、塔山桥、周家河、珍珠桥、京口闸;$NH_3\text{-}N$浓度由大到小依次为南水桥、塔山桥、周家河、珍珠桥、京口闸;TP浓度由大到小依次为南水桥、塔山桥、周家河、珍珠桥、京口闸。

对春季古运河各断面的主要污染项进行分析,结果见表8.12,由表可知不同断面评价因子环境中的观测值 $C_i$。由表可知,春季古运河断面污染程度最高的是南水桥断面,而京口闸污染程度最低。

表 8.12　春季古运河各断面主要污染物的确定

| 项目 | 地点 | $C_i$ | Ⅴ类标准 $S_i$ | $P_i = C_i/S_i$ | $K_i = P_i / \sum P_i$ |
|---|---|---|---|---|---|
| $COD_{Cr}$ | 京口闸 | 21.20 | 40 | 0.53 | 0.141 |
| | 珍珠桥 | 28.20 | 40 | 0.71 | 0.135 |
| | 南水桥 | 43.40 | 40 | 1.09 | 0.123 |
| | 塔山桥 | 35.00 | 40 | 0.88 | 0.110 |
| | 周家河 | 34.00 | 40 | 0.85 | 0.135 |
| $BOD_5$ | 京口闸 | 8.96 | 10 | 0.90 | 0.239 |
| | 珍珠桥 | 9.46 | 10 | 0.95 | 0.181 |
| | 南水桥 | 17.14 | 10 | 1.71 | 0.192 |
| | 塔山桥 | 13.82 | 10 | 1.38 | 0.172 |
| | 周家河 | 12.00 | 10 | 1.2 | 0.191 |

续表

| 项目 | 地点 | $C_i$ | V 类标准 $S_i$ | $P_i = C_i / S_i$ | $K_i = P_i / \sum P_i$ |
|------|------|-------|----------------|-------------------|------------------------|
| NH$_3$-N | 京口闸 | 2.410 | 2 | 1.21 | 0.322 |
|  | 珍珠桥 | 4.288 | 2 | 2.14 | 0.407 |
|  | 南水桥 | 7.974 | 2 | 3.99 | 0.449 |
|  | 塔山桥 | 7.474 | 2 | 3.74 | 0.466 |
|  | 周家河 | 4.624 | 2 | 2.31 | 0.368 |
| TP | 京口闸 | 0.447 | 0.4 | 1.12 | 0.298 |
|  | 珍珠桥 | 0.584 | 0.4 | 1.46 | 0.278 |
|  | 南水桥 | 0.839 | 0.4 | 2.10 | 0.236 |
|  | 塔山桥 | 0.812 4 | 0.4 | 2.03 | 0.253 |
|  | 周家河 | 0.769 2 | 0.4 | 1.92 | 0.306 |

表 8.12 同时给出了污染物的污染分担率 $K_i$。由表可见,京口闸断面污染物 $K_i$ 值由大到小依次为 NH$_3$-N, TP, BOD$_5$, COD$_{Cr}$;珍珠桥断面污染物 $K_i$ 值由大到小依次为 NH$_3$-N, TP, BOD$_5$, COD$_{Cr}$;南水桥断面污染物 $K_i$ 值由大到小依次为 NH$_3$-N, TP, BOD$_5$, COD$_{Cr}$;塔山桥断面污染物 $K_i$ 值由大到小依次为 NH$_3$-N, TP, BOD$_5$, COD$_{Cr}$;周家河断面污染物 $K_i$ 值由大到小依次为 NH$_3$-N, TP, BOD$_5$, COD$_{Cr}$。

综合以上分析可知,春季各个断面污染程度不同,其中南水桥污染最为严重;不同断面的主要污染物指标 $K_i$ 排序相同,因此可以认为春季古运河市区段全段污染最为严重的指标为 NH$_3$-N,其次是 TP,然后是 BOD$_5$。

表 8.13 为 2010 年夏季监测断面水质指标,由表可知:夏季古运河 COD$_{Cr}$ 浓度介于 35 ~ 46 mg/L,南水桥和塔山桥较高;BOD$_5$ 浓度介于 7.6 ~ 15.5 mg/L,南水桥浓度最高;NH$_3$-N 浓度介于 0.378 ~ 5.388 mg/L,南水桥和周家河较高;TP 浓度介于 0.142 ~ 0.890 mg/L,周家河最高。根据《地表水环境质量标准》(GB 3838—2002)可知,夏季古运河各断面水质均为劣 V 类水体。

**表 8.13　夏季古运河水质指标平均值和水质类别**

| 断面 | $COD_{Cr}$ | | $BOD_5$ | | $NH_3\text{-}N$ | | TP | | pH | |
|---|---|---|---|---|---|---|---|---|---|---|
| | 平均值[a] | 类别[b] | 平均值[a] | 类别[b] | 平均值[a] | 类别[b] | 平均值[a] | 类别[b] | 平均值[a] | 类别[b] |
| 京口闸 | 35 | V | 7.6 | V | 0.378 | II | 0.142 | III | 7.59 | I |
| 珍珠桥 | 41 | 劣 V | 7.8 | V | 1.498 | IV | 0.315 | V | 7.41 | I |
| 南水桥 | 46 | 劣 V | 15.5 | 劣 V | 3.028 | 劣 V | 0.494 | 劣 V | 7.42 | I |
| 塔山桥 | 36 | V | 7.6 | V | 2.903 | 劣 V | 0.475 | 劣 V | 7.39 | I |
| 周家河 | 46 | 劣 V | 14.5 | 劣 V | 5.388 | 劣 V | 0.890 | 劣 V | 7.31 | 1 |

注:a 表示指标浓度的平均值,单位 mg/L,pH 除外;b 表示按《地表水环境质量标准》(GB 3838—2002)划分的水体类别。

表 8-13 中,$COD_{Cr}$浓度由大到小依次为南水桥(周家河)、珍珠桥、塔山桥、京口闸;$BOD_5$浓度由大到小依次为南水桥、周家河、珍珠桥、塔山桥(京口闸);$NH_3\text{-}N$浓度由大到小依次为周家河、南水桥、塔山桥、珍珠桥、京口闸;TP 浓度由大到小依次为周家河、南水桥、塔山桥、珍珠桥、京口闸。

夏季古运河各断面的主要污染项分析结果见表 8.14,由表可知不同断面评价因子环境中的观测值 $C_i$。由表可知,夏季古运河断面污染程度与春季不同,周家河污染程度相对较高,而京口闸污染程度最低。

表 8.14 同时给出了污染物的污染分担率 $K_i$。由表可见,京口闸断面污染物 $K_i$ 值由大到小依次为 $COD_{Cr}$,$BOD_5$,TP,$NH_3\text{-}N$;珍珠桥断面污染物 $K_i$ 值由大到小依次为 $COD_{Cr}$,$BOD_5$,TP,$NH_3\text{-}N$;南水桥断面污染物 $K_i$ 值由大到小依次为 $BOD_5$,$NH_3\text{-}N$,TP,$COD_{Cr}$;塔山桥断面污染物 $K_i$ 值由大到小依次为 TP,$NH_3\text{-}N$,$COD_{Cr}$,$BOD_5$;周家河断面污染物 $K_i$ 值由大到小依次为 $NH_3\text{-}N$,TP,$BOD_5$,$COD_{Cr}$。

综合以上分析可知,夏季古运河各个断面污染程度不同,其中京口闸污染程度最低;和春季情况不同,夏季古运河各断面主要污染物排序不同,不同监测断面主导污染物不同。

**表 8.14　夏季古运河各断面主要污染物的确定**

| 项目 | 地点 | $C_i$ | V类标准 $S_i$ | $P_i = C_i/S_i$ | $K_i = P_i/\sum P_i$ |
|---|---|---|---|---|---|
| COD$_{Cr}$ | 京口闸 | 35 | 40 | 0.875 | 0.402 |
| | 珍珠桥 | 41 | 40 | 1.025 | 0.307 |
| | 南水桥 | 46 | 40 | 1.15 | 0.211 |
| | 塔山桥 | 36 | 40 | 0.90 | 0.209 |
| | 周家河 | 46 | 40 | 1.15 | 0.153 |
| BOD$_5$ | 京口闸 | 7.6 | 10 | 0.76 | 0.349 |
| | 珍珠桥 | 7.8 | 10 | 0.78 | 0.233 |
| | 南水桥 | 15.5 | 10 | 1.55 | 0.284 |
| | 塔山桥 | 7.6 | 10 | 0.76 | 0.177 |
| | 周家河 | 14.5 | 10 | 1.45 | 0.193 |
| NH$_3$-N | 京口闸 | 0.378 | 2 | 0.189 | 0.087 |
| | 珍珠桥 | 1.498 | 2 | 0.749 | 0.224 |
| | 南水桥 | 3.028 | 2 | 1.514 | 0.278 |
| | 塔山桥 | 2.903 | 2 | 1.452 | 0.338 |
| | 周家河 | 5.388 | 2 | 2.694 | 0.358 |
| TP | 京口闸 | 0.142 | 0.4 | 0.355 | 0.163 |
| | 珍珠桥 | 0.315 | 0.4 | 0.788 | 0.236 |
| | 南水桥 | 0.494 | 0.4 | 1.235 | 0.227 |
| | 塔山桥 | 0.475 | 0.4 | 2.694 | 0.358 |
| | 周家河 | 0.890 | 0.4 | 2.225 | 0.296 |

表 8.15 为 2010 年秋季监测断面水质指标,由表可知:秋季古运河 COD$_{Cr}$ 浓度介于 36 ~ 52 mg/L, 京口闸最高;BOD$_5$ 浓度介于 13.6 ~ 19.2 mg/L,京口闸最高;NH$_3$-N 浓度介于 0.623 ~ 7.765 mg/L,周家河最高;TP 浓度介于 0.356 ~ 1.468 mg/L,周家河最高。根据《地表水环境质量标准》(GB 3838—2002)可知,秋季古运河各断面水质为劣 V 类水体。

表 8.15　秋季古运河水质指标平均值和水质类别

| 断面 | COD$_{Cr}$ | | BOD$_5$ | | NH$_3$-N | | TP | | pH | |
|---|---|---|---|---|---|---|---|---|---|---|
| | 平均值[a] | 类别[b] | 平均值[a] | 类别[b] | 平均值[a] | 类别[b] | 平均值[a] | 类别[b] | 平均值[a] | 类别[b] |
| 京口闸 | 52 | IV | 19.2 | V | 0.623 | 劣V | 0.356 | 劣V | 7.44 | I |
| 珍珠桥 | 44 | IV | 14.0 | V | 2.813 | 劣V | 0.547 | 劣V | 7.26 | I |
| 南水桥 | 43 | 劣V | 13.6 | 劣V | 3.198 | 劣V | 0.472 | 劣V | 7.23 | I |
| 塔山桥 | 36 | V | 14.1 | 劣V | 3.653 | 劣V | 0.378 | 劣V | 7.28 | I |
| 周家河 | 48 | V | 18.8 | 劣V | 7.765 | 劣V | 1.468 | 劣V | 7.33 | I |

注:a 表示指标浓度的平均值,单位 mg/L,pH 除外;b 表示按《地表水环境质量标准》(GB 3838—2002)划分的水体类别。

表 8-15 中,COD$_{Cr}$浓度由大到小依次为京口闸、周家河、珍珠桥、南水桥、塔山桥;BOD$_5$浓度由大到小依次为京口闸、周家河、塔山桥、珍珠桥、南水桥;NH$_3$-N 浓度由大到小依次为周家河、塔山桥、南水桥、珍珠桥、京口闸;TP浓度由大到小依次为周家河、珍珠桥、南水桥、塔山桥、京口闸。

秋季古运河各断面的主要污染项分析结果见表 8.16,由表可知不同断面评价因子环境中的观测值 $C_i$。由表可知,秋季古运河断面周家河与京口闸污染程度相对较高。

表 8.16 同时给出了污染物的污染分担率 $K_i$。由表可见,京口闸断面污染物 $K_i$ 值由大到小依次为 BOD$_5$,COD$_{Cr}$,TP,NH$_3$-N;珍珠桥断面污染物 $K_i$值由大到小依次为 NH$_3$-N,BOD$_5$,TP,COD$_{Cr}$;南水桥断面污染物 $K_i$ 值由大到小依次为 NH$_3$-N,BOD$_5$,TP,COD$_{Cr}$;塔山桥断面污染物 $K_i$ 值由大到小依次为 NH$_3$-N,BOD$_5$,TP,COD$_{Cr}$;周家河断面污染物 $K_i$ 值由大到小依次为 NH$_3$-N,TP,BOD$_5$,COD$_{Cr}$。

表 8.16　秋季古运河各断面主要污染物的确定

| 项目 | 地点 | $C_i$ | V 类标准 $S_i$ | $P_i = C_i/S_i$ | $K_i = P_i/\sum P_i$ |
|---|---|---|---|---|---|
| COD$_{Cr}$ | 京口闸 | 52 | 40 | 1.300 | 0.294 |
| | 珍珠桥 | 44 | 40 | 1.100 | 0.209 |
| | 南水桥 | 43 | 40 | 1.075 | 0.206 |
| | 塔山桥 | 36 | 40 | 0.900 | 0.177 |
| | 周家河 | 48 | 40 | 1.200 | 0.112 |

| 项目 | 地点 | $C_i$ | V 类标准 $S_i$ | $P_i = C_i/S_i$ | $K_i = P_i/\sum P_i$ |
|---|---|---|---|---|---|
| BOD$_5$ | 京口闸 | 19.2 | 10 | 1.92 | 0.434 |
| | 珍珠桥 | 14.0 | 10 | 1.40 | 0.265 |
| | 南水桥 | 13.6 | 10 | 1.36 | 0.261 |
| | 塔山桥 | 14.1 | 10 | 1.41 | 0.277 |
| | 周家河 | 18.8 | 10 | 1.88 | 0.176 |
| NH$_3$-N | 京口闸 | 0.623 | 2 | 0.3120 | 0.070 |
| | 珍珠桥 | 2.813 | 2 | 1.4065 | 0.267 |
| | 南水桥 | 3.198 | 2 | 1.599 0 | 0.307 |
| | 塔山桥 | 3.653 | 2 | 1.826 5 | 0.359 |
| | 周家河 | 7.765 | 2 | 3.932 5 | 0.368 |
| TP | 京口闸 | 0.356 | 0.4 | 0.890 0 | 0.201 |
| | 珍珠桥 | 0.547 | 0.4 | 1.367 5 | 0.259 |
| | 南水桥 | 0.472 | 0.4 | 1.180 0 | 0.226 |
| | 塔山桥 | 0.378 | 0.4 | 0.945 0 | 0.186 |
| | 周家河 | 1.468 | 0.4 | 3.670 0 | 0.344 |

综合以上分析可知,珍珠桥、南水桥和塔山桥这 3 个断面的主要污染物指标排序都相同,主要污染物为 NH$_3$-N,其次是 BOD$_5$,然后是 TP, COD$_{Cr}$。但京口闸断面和周家河断面污染物排序有所不同。总体而言,秋季古运河市区段全段污染最严重的指标为 NH$_3$-N,其次是 BOD$_5$,然后是 TP。

# 8.3　镇江市合流管网溢流污染控制示范工程

"加快市区河道整治,完善污水收集管网建设,充分发挥城市污水处理厂的处理能力"是镇江市"十一五"水环境整治工作的重中之重。根据镇江市水专项办领导小组的要求,水专项课题研究成果应对地方重大水环境项目提供重要技术支撑,因此本研究的示范工程区域确定为古运河城区段。

古运河城区段约 9.8 km,其中 5.6 km 沿河已建污水截流管道,4.2 km 沿河雨污水直排。结合镇江市"青山绿水"行动,通过与地方排水部门一起对示范区内雨污水排水系统现状的反复踏勘研究,确定古运河示范区域范围为北起大西路,沿第一楼街、南门大街、正东路、学府路、纬八路到经十二路,由经十二路向西沿丁卯桥路、四明河、京沪铁路到黄山南路,由黄山南路向北沿黄山北路回到大西路,约 7.3 km²。虹桥港流域示范区范围为北起滨水路,东起虹桥港,南至宗泽路,西至古城路,约 2.2 km²。

结合以上示范区的选取依据,同时考虑工程与"镇江市古运河中段综合整治工程"、"镇江市老小区改造工程"等重特大工程的结合,本课题研究示范工程选取的示范区域如图 8.4 所示。

本研究示范工程由两部分组成:① 老城区雨污水管网源-流-汇综合降污改造技术示范工程;② 古运河中段合流管网运行调控与污染控制示范工程。示范工程建设地点为镇江市古运河中段区域。

本研究依托镇江古运河排水系统,以高截污率为目标,以合流制排水管网的源-流-汇综合调控减量降污技术为手段,根据示范区古运河排水系统具有截流式合流制和直排式合流制的实际情况,实施由"古运河中段合流制雨污水管网建设及运行调控关键技术示范工程"和"老城区雨污水管网源-流-汇综合降污改造技术示范工程"组成的"镇江市合流制高截污率城市雨污水管网建设、改造和运行调控关键技术示范工程"。

古运河中段合流制雨污水管网建设及运行调控关键技术示范工程,削减旱流污水 8 278 m³/d,服务面积约 5.2 km²,总投资约 2 000 万元。该项目包括 2 600 m³/h 处理能力的截流式溢流污染负荷削减工程和 100 m³/h 泵站溢流污染削减工程各一项;由 4.5 km 污水管道、0.5 km 雨水管道、各类污水井 138 座和各类雨水井 30 座组成的古运河中段污水截流工程一项;25 000 m³/d 处理能力的谷阳路污水提升泵站 1 座。

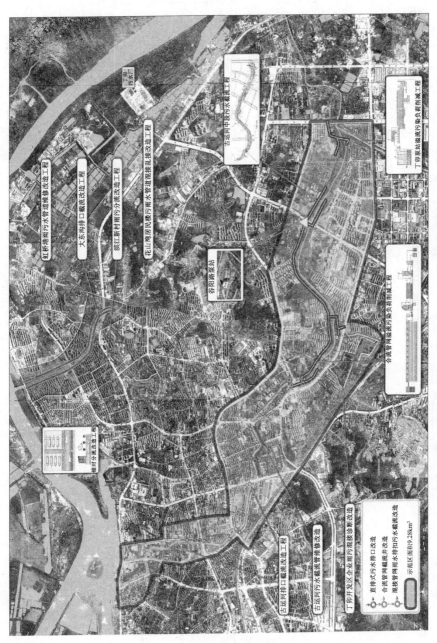

丁卯污水厂

古运河中段污水截流工程

虹桥港雨污水管道维修改造工程

大东沟排口截流改造工程

滨江新村雨污分流改造工程

花山湾居民楼污雨水管道混接乱接改造工程

谷阳路泵站

丁卯泵站接纳溢流污染负荷削减工程

合流管网溢流污染负荷削减工程

抽时分流改造工程

古运河排口截流改造工程

古运河截流管维修改造工程

丁卯开发区企业雨污混接接断改造

直排式污水排口改造

合流管网截流端井改造

混接管网雨水排口扣污水截流改造

示范区面积9.28km²

图8.4　镇江市合流制高载污率城市雨污水管网建设、改造和运行调控关键技术示范工程布置图

　　老城区雨污水管网源-流-汇改造技术示范工程服务面积4.3 km²,总投资600多万元。该项目包括由医政路5号小区2.5万m²合流管网错时分流改造工程、江滨新村18.3万m²雨污分流改造工程、花山湾小区3.3万m²居民楼雨污水混接乱接改造工程等组成的以提高雨污水源头截污率的示范项目;由古运河污水截流管维修改造工程、老城区雨污水管道维修改造工程和丁卯开发区企业雨污混接诊断及改造工程组成的以提高截污能力为主的雨污水管网改造示范项目;由截流式合流制管网截流井改造工程、直排式合流制排口截流改造工程和雨污水混接管网雨水排口截流改造工程等共计63座排口组成的以提高雨污水排口截污效果的排口改造示范工程。

　　镇江市合流制高截污率城市雨污水管网建设、改造和运行调控关键技术示范工程具体组成见表8.17。

**表8.17　镇江市合流制高截污率城市雨污水管网建设、改造和运行调控关键技术示范工程具体组成**

| 项目 | 示范技术 | 项目组成 | 工程规模 |
|---|---|---|---|
| 古运河中段高截污率雨污水管网建设及运行调控关键技术示范工程 | 旱流污水削减示范技术 | 古运河中段污水截流工程 | 5.2 km²,削减直排旱流污水8 278 m³/d,新增溢流污染负荷削减量3 630 m³/h |
| | | 谷阳路泵站建设工程 | 处理能力25 000 m³/d |
| | 溢流污染高负荷、大流量、快速净化示范技术 | 合流管网溢流污染负荷削减工程 | 新增溢流污染负荷削减量1 000 m³/h |
| | | 丁卯泵站溢流污染负荷削减工程 | 新增溢流污染负荷削减量100 m³/h |
| 老城区合流制管网源-流-汇综合降污技术示范工程 | 雨污水管网高截污率改造示范技术 | 老小区合流管网错时分流改造工程 | 25 000 m² |
| | | 老城区雨污分流改造工程 | 184 000 m² |
| | | 居民楼雨污水混接乱接改造工程 | 33 000 m² |
| | | 污水截流管维修改造工程 | 835 m |
| | | 老城区雨污水管道维修改造工程 | 1 290 m |
| | | 开发区雨污混接诊断及改造工程 | 176 000 m² |

续表

| 项目 | 示范技术 | 项目组成 | | 工程规模 | |
|------|---------|---------|---|---------|---|
| 老城区合流制管网源-流-汇综合降污技术示范工程 | 基于截流倍数优化的排口改造示范技术 | 截流式合流制管网截流井改造工程：增加截流倍数 | 西门桥合流污水截流井改造工程 | 新增溢流污染负荷削减量 600 m³/h | |
| | | | 中山桥合流污水截流井改造工程 | 新增溢流污染负荷削减量 600 m³/h | |
| | | | 虎踞桥合流污水截流井改造工程 | 新增溢流污染负荷削减量 460 m³/h | |
| | | | 塔山桥合流污水截流井改造工程 | 新增溢流污染负荷削减量 700 m³/h | |
| | | | 黎明河合流污水截流井改造工程 | 新增溢流污染负荷削减量 700 m³/h | |
| | | 雨污水混接管网雨水排口截流改造工程：雨水排口增加截流井 | 解放桥雨水管旱流污水提升井 | 削减旱流污水 1 000 m³/d，新增溢流污染负荷削减量 100 m³/h | |
| | | | 珍珠桥雨水管旱流污水截流井($D300$) | 削减污水 398 m³/d，新增溢流污染负荷削减量 400 m³/h | |
| | | | 905 库旱流污水截流井($D300$) | 削减污水 1 244 m³/d，新增溢流污染负荷削减量 360 m³/h | |
| | | | 京岘山桥雨水管旱流污水截流井($D400$) | 削减污水 981 m³/d，新增溢流污染负荷削减量 1 426 m³/h | |
| | | 直排式污水排口截流改造工程：用管道接入截流管 | 整治直排污水排口 36 个 | 日削减旱流污水量 5 516 t | 古运河沿岸 |

## 8.3.1 老城区雨污水管网源-流-汇综合降污改造技术示范工程

### 1. 溢流污染源头控制技术示范项目

溢流污染产生的主要原因是污水和雨水的混合，因此，在源头上减少污水和雨水的混合是削减溢流污染负荷的重要技术路线。

本示范项目采取 3 种技术路线构成溢流污染源头控制的技术方案：一是采用本课题组开发的合流小区雨污水错时分流技术路线防止溢流污染产

生;二是采用老小区雨污管网分流改造技术路线实现旱流污水不下河;三是采用对已经实行雨污分流的小区内居民楼雨污水错接乱接的雨污水管网再分流改造技术路线减少混接污水进入雨水管。

老小区合流制管网错时分流技术示范选择医政路5号小区,实施区域2.5万 $m^2$ ,改造24栋居民楼,15座化粪池,雨天错时分流污水约200 $m^3/d$ ;老小区雨污水分流及小区管网改造工程选择在江滨新村小区,实施区域18.3万 $m^2$ ,改造管道约9.6 km,实现约1 290 $m^3/d$ 旱流污水不下河;花山湾小区内居民楼雨污水错接乱接的雨污水管网再分流改造选择在京河路小区,实施区域3.3万 $m^2$ ,重新布置32栋居民楼的雨污水管再分流。

2. 老城区雨污水管网改造示范项目

由于古运河和虎踞桥的施工,导致古运河污水截流工程虎踞桥段变形破裂,双向渗漏现象严重,已经影响到古运河污水截流工程的正常运行。随着南门大街片区雨污水管网改造的不断实施,原南门大街污水管道存在的管径不匹配、高程不一致、脱节错位、管道变形破裂等问题越来越明显。为此,本项目选择花山湾雨污水管道改造工程和虎踞桥段污水截流管道维修工程作为老城区污水管网改造示范工程。其中,南门大街雨污水管道改造1.83 km,古运河污水截流工程维修0.835 km。

3. 基于截流倍数优化的老城区古运河排口改造示范项目

塔山路以北区域约4.1 $km^2$ ,5.6 km古运河沿岸已建成污水截流工程。先期建有10座截流井,随着城区改造建设的深入,部分街区已改造为雨污分流,沿古运河又增设了部分雨水排口。

工程地点:古运河(中山桥—经十二路桥)及其主要支流周家河、四明河口。

工程规模:古运河(中山桥—塔山桥)排口7座,总排水量4 968 $m^3/d$ ;古运河(塔山桥—经十二路桥)排口12座,总排水量4 711 $m^3/d$ ;周家河排口11座,总排水量6 436 $m^3/d$ ;四明河排口12座,总排水量5 256 $m^3/d$ 。

古运河及其支流周家河、四明河各排口位置如图8.5所示。

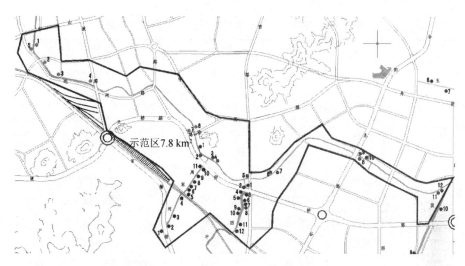

**图 8.5　古运河、周家河、四明河各排口位置**

古运河城区段截流工程溢流排口现状与存在问题见表 8.18,截流工程溢流排口改造方案见表 8.19。

**表 8.18　古运河城区段截流工程溢流排口现状与存在问题**

| 序号 | 溢流口地点 | 溢流方式 | 截流管径 $D$/mm | 现状与存在问题 |
|---|---|---|---|---|
| 1 | 中华路 | 溢流管 | 300 | 雨污分流,原截流井溢流量很少,雨水排口有少量污水 |
| 2 | 宝塔路 | 溢流管 | 400 | 雨污分流,原截流井溢流量很少,雨水排口有少量污水 |
| 3 | 迎江桥 | 溢流管 | 300 | 雨污分流,原截流井溢流量很少,雨水排口有少量污水 |
| 4 | 西门桥 | 溢流管 | 300 | 溢流污染负荷高 |
| 5 | 新马路 | 溢流管 | 300 | 正常运行 |
| 6 | 中山桥 | 溢流管 | 500 | 溢流量大,溢流污染负荷高 |
| 7 | 黎明河 | 闸门控制 | 500 | 溢流量很大,溢流污染负荷高 |
| 8 | 珍珠桥 | 雨水管 | | 雨水管污水溢流 |
| 9 | 解放桥 | 溢流管 | 500 | 雨污分流,原截流井溢流量很少,雨水排口有大量旱流污水 |
| 10 | 南水桥 | 泵站出水堰 | 400 | 出水堰高程不合理 |
| 11 | 虎踞桥 | 溢流管 | 300 | 溢流污染负荷高 |
| 12 | 塔山桥 | 闸门控制 | 500 | 溢流量很大,溢流污染负荷高 |
| 13 | 905 库 | 雨水管 | | 雨水排口有大量旱流污水 |

表 8.19 古运河城区段截流工程溢流排口改造方案

| 序号 | 溢流口地点 | 溢流方式 | 截流管径 D/mm | 改造方案 |
|---|---|---|---|---|
| 1 | 中华路 | 溢流管 | 300 | 不需改造 |
| 2 | 宝塔路 | 溢流管 | 400 | 不需改造 |
| 3 | 迎江桥 | 溢流管 | 300 | 不需改造 |
| 4 | 西门桥 | 溢流管 | 300 | 增加截流量 |
| 5 | 新马路 | 溢流管 | 300 | 不需改造 |
| 6 | 中山桥 | 溢流管 | 500 | 增加截流量 |
| 7 | 黎明河 | 闸门控制 | 500 | 增加截流量 |
| 8 | 南水桥 | 泵站出水堰 | 400 | 改造出水堰 |
| 9 | 虎踞桥 | 溢流管 | 300 | 增加截流量 |
| 10 | 塔山桥 | 闸门控制 | 500 | 增加截流管径,截流量可调 |

由于古运河城区污水截流工程建于 20 世纪 90 年代,而且当时主要针对市政路网上的污水管网进行截流,因此,目前依然存在许多污水直排口,需要进行截污纳管,具体见表 8.20。

表 8.20 老城区污水直排旱流情况及改造方案

| 排口编号 | 排口地点 | 排口管径 D/mm | 日旱流排水量/(t/d) | 改造方案 |
|---|---|---|---|---|
| 1 | 西门桥东南 | 300 | 285 | 截污纳管 |
| 2 | 新马路西北 | 300 | 213 | 截污纳管 |
| 3 | 万福酒楼 | 200 | 91 | 截污纳管 |
| 4 | 老年活动中心 | 150 | 52 | 截污纳管 |
| 5 | 闽南饭店 | 150 | 174 | 截污纳管 |
| 6 | 中山桥东南 | 200 | 177 | 截污纳管 |
| 7 | 京口饭店 | 150 | 288 | 截污纳管 |
| 8 | 北府路 | 300 | 226 | 截污纳管 |
| 9 | 珍珠桥东南 | 300 | 198 | 截污纳管 |
| 10 | 运河路菜场 | 200 | 129 | 截污纳管 |
| 11 | 镇江市第五中学 | 300 | 907 | 截污纳管 |
| 12 | 解放桥西北 | 300 | 326 | 截污纳管 |

| 排口编号 | 排口地点 | 排口管径 $D$/mm | 日旱流排水量/(t/d) | 改造方案 |
|---|---|---|---|---|
| 13 | 邮政汽修厂 | 300 | 241 | 截污纳管 |
| 14 | 京河路 | 300 | 365 | 截污纳管 |
| 15 | 虎踞桥东北 | 200 | 224 | 截污纳管 |
| 16 | 南水桥西北 | 300 | 260 | 截污纳管 |
| 17 | 江科大校园 | 400 | 366 | 截污纳管 |
| 18 | 运河新村北 | 300 | 92 | 截污纳管 |
| 19 | 运河新村东 | 250 | 56 | 截污纳管 |
| 20 | 运河新村南 | 400 | 122 | 截污纳管 |
| 21 | 905 库北 | 300 | 214 | 截污纳管 |
| 22 | 塔山桥西 | 300 | 302 | 截污纳管 |
| 23 | 聋哑学校 | 300 | 390 | 截污纳管 |
| 24 | 河西小区 | 200 | 128 | 截污纳管 |
| | 合计 | | 5 846 | |

由于局部片区实施雨污分流改造,因而一些雨水管存在污水混接现象,其中旱流污水量比较大的有几处。古运河城区段雨水管旱流情况及改造方案见表 8.21。

表 8.21　古运河城区段雨水管旱流情况改造方案

| 排口编号 | 排口地点 | 排口管径 $D$/mm | 日旱流排水量/(t/d) | 改造方案 |
|---|---|---|---|---|
| 1 | 中华路 | 1 000 | 少量 | 不需改造 |
| 2 | 宝塔路 | 1 000 | 少量 | 不需改造 |
| 3 | 迎江桥北 | 800 | 少量 | 不需改造 |
| 4 | 迎江桥南 | 800 | 少量 | 不需改造 |
| 5 | 西门桥西南 | 1 000 | 少量 | 不需改造 |
| 6 | 珍珠桥西南 | 1 000 | 少量 | 不需改造 |
| 7 | 珍珠桥东北 | 1 000 | 398 | 增加雨水管旱流污水截流井 |

| 排口编号 | 排口地点 | 排口管径 $D$/mm | 日旱流排水量/(t/d) | 改造方案 |
|---|---|---|---|---|
| 8 | 解放桥西北 | 1 400 | 1 000 | 增加雨水管旱流污水截流井 |
| 9 | 解放桥东南 | 1 400 | 少量 | 不变 |
| 10 | 905 库 | 600 | 1 244 | 增加雨水管旱流污水截流井 |
| | 合计 | | 约 2 642 | |

老城区虹桥港区域排口旱流情况及改造方案见表 8.22。

### 8.22　老城区虹桥港区域排口旱流情况及改造方案

| 排口编号 | 排口地点 | 排口管径 $D$/mm | 日旱流排水量/(t/d) | 改造方案 |
|---|---|---|---|---|
| 1 | 九里街菜场 | 2 500 × 2 500* | 1745 | 上游分流,接入东吴路污水管 |
| 2 | 九里街菜场 | 300 | 415 | 上游分流,接入东吴路污水管 |
| 3 | 象山一村 | 500 × 600* | 720 | 雨污分流,接入东吴路管道 |
| 4 | 象山二村 | 300 | 216 | 雨污分流,接入东吴路管道 |
| 5 | 小八子饭庄 | 600 | 1809 | 小八子饭庄北侧新建地埋式污水提升系统 |
| 6 | 小八子饭庄 | 300 | 394 | 接入小八子饭庄北侧新建地埋式污水泵站 |
| 7 | 小八子饭庄 | 400 | 388 | 接入小八子饭庄北侧新建地埋式污水泵站 |
| 8 | 小八子饭庄 | 200 | 156 | 接入小八子饭庄北侧新建地埋式污水泵站 |
| 9 | 九里街小区 | 300 | 261 | 接入小八子饭庄北侧新建地埋式污水泵站 |
| 10 | 九中桥 | 600 | 329 | 纳入禹山北路污水管网 |
| 11 | 周家庄 | 500 × 500* | 216 | 纳入禹山北路污水管网 |
| 12 | 宗泽桥 | 400 | 275 | 纳入禹山北路污水管网 |
| | 合计 | | 6 924 | |

注: * 表示水渠的宽度和深度。

老城区虹桥港区改造具体实施方案如下:① 建设沿虹桥港河污水截污工程,解决象山一村、二村污水排放问题;② 对商检局一侧污水进行截流,同时沿九里街菜场一侧铺设污水管截流污水;③ 沿小八子饭庄、老宗泽路一侧虹桥港铺设污水管截流污水;④ 对红豆广场污水乱接进行督促整改;⑤ 对老山路、花山湾路、桃花坞路污水接入虹桥港上游(松村路排水暗涵)及沿线开发小区污水接入口进行检查,对污水排口进行污水截流;⑥ 封堵 12 个污水排口,完成虹桥港污水泵站进水管改造,实施象山一村、二村污水改造工程,铺设各类管道 2 767 m、砌筑各类检查井 134 座,建成地埋式污水泵站 2 座。

### 8.3.2　古运河中段合流制雨污水管网建设及运行调控示范工程

#### 1. 污水截流示范工程

古运河中段合流制雨污水管网建设及运行调控关键技术示范项目主要针对城乡接合区域的直排合流制以及转型期开发区的雨污分流中的混接乱接产生的雨水管旱流直排的雨污水排放特征,通过构建污水截流管网,包括由 7.3 km 截流干管、4.5 km 污水管道、0.5 km 雨水管道、各类污水井 138 座和各类雨水井 30 座组成的古运河中段污水截流工程一项以及 25 000 $m^3/d$ 提升规模的谷阳路污水提升泵站 1 座,可收集旱流污水 8 278 $m^3/d$;通过实施雨污分流、污水截流、雨水管旱流污水截流和溢流污染负荷削减工程等,新增合流溢流污染负荷削减量和雨水管截流量 4 730 $m^3/h$,服务面积约 5.2 $km^2$,总投资近 2 000 万元,见表 8.23。

表 8.23　截流管道

| 序号 | 溢流口地点 | 溢流方式 | 截流管径 $D$/mm | 旱流污水量/($m^3$/d) | 实施方案 | 新增溢流污染削减量/($m^3$/h) |
|---|---|---|---|---|---|---|
| 1 | 铁路桥南 1 | 合流 | 400 | 682 | 合流污水截流 | 840 |
| 2 | 铁路桥南 2 | 合流 | 300 | 332 | 合流污水截流 | 400 |
| 3 | 京砚山路 | 雨水管 | 400 | 981 | 旱流污水截流 | 830 |
| 4 | 纬六路 | 雨水管 | 300 | 564 | 旱流污水截流 | 390 |
| 5 | 谷阳路 | 雨水管 | 300 | 772 | 旱流污水截流 | 380 |
| 6 | 经七路 | 雨水管 | 300 | 562 | 旱流污水截流 | 390 |
| 7 | 经九路 | 雨水管 | 300 | 488 | 旱流污水截流 | 400 |
| 合计 | | | | 4 381 | | 3 630 |

工程地点：古运河中段（塔山桥—经十二路桥）及四明河河口段。

工程规模：截流干管总长约 7.3 km，设计截流污水水量 11 000 m³/d；谷阳路泵站 1 座，提升规模 25 000 m³/d。

截流管线布置如图 8.6 所示。

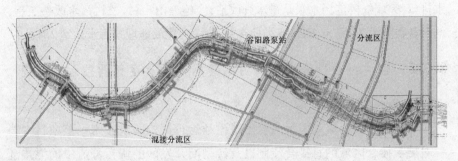

**图 8.6　截流管线布置**

截流管道现场铺设情况如图 8.7 所示。

**图 8.7　截流管道铺设**

2. 溢流污水处理工程

1）示范技术

① 合流制旱流污染截流系统。

② 基于截流倍数优化的排口改造。

③ 截流井、截流量精确控制技术。

④ 溢流污染无动力原位净化技术。

⑤ 溢流污染高效吸附净化、高负荷大流量泵站溢流污染原位快速净化技术。

污水处理工程平面位置如图 8.8 所示。

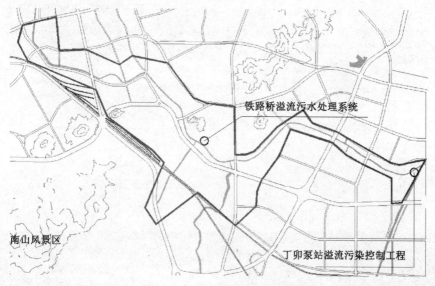

图 8.8　污水处理工程平面位置

示范工程现场情况如图 8.9 所示。

图 8.9　示范工程现场

2）铁路桥合流管网溢流污染控制工程

铁路桥合流管网溢流污染控制工程服务面积约 1.6 km²，工程设计方案有以下 4 种。

**方案 1**　无动力溢流污染处理设备＋生态减速降污系统

方案 1 的工艺流程与实物装置如图 8.10 所示。

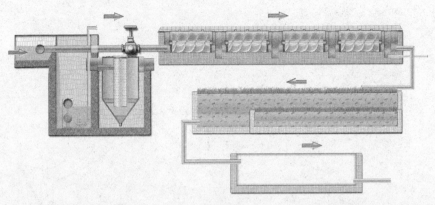

(a) 工艺流程

(b) 实物装置

**图 8.10　方案 1 的工艺流程与实物装置**

无动力溢流污染处理设备的运行参数如下:设计处理能力为 40 m³/d, SS 去除率为 40% ~60%。

生态减速降污系统的运行参数如下:设计处理能力为 100 m³/d,COD 去除率为 40% 以上,氨氮去除率为 30% 以上,总碳去除率为 25% 以上。

**方案 2**　溢流量精确控制旋流器 + 双向旋流沉淀一体化净化器 + 高效吸附净化床

方案 2 的工艺流程与实物装置如图 8.11 所示。

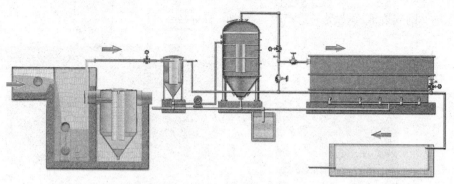

(a) 工艺流程

(b) 实物装置

**图 8.11　方案 2 的工艺流程与实物装置**

溢流量精确控制旋流器运行参数如下:设计处理能力为 500 m³/h,SS 去除率为 50% ~70%。

双向旋流沉淀一体化净化器运行参数如下:设计处理能力为 40 m³/h,SS 去除率为 70% ~80% ,COD 去除率为 20% ~30%。

高效吸附净化床运行参数如下:设计处理能力为 40 m³/h,COD 去除率为 40% 以上,氨氮去除率为 20% 以上,总磷去除率为 20% 以上。

**方案 3**　网式旋流净化器

网式旋流净化器的运行参数如下:设计处理能力为 1 000 m³/h,SS 去除率为 30% ~50%。

网式旋流净化器工艺流程与实物装置如图 8.12 所示。

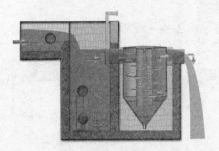

(a) 工艺流程　　　　　　　　　　　　　　(b) 实物装置

**图 8.12　网式旋流净化器工艺流程与实物装置**

**方案 4**　溢流量精确控制旋流器 + 旋流磁助澄清器 + 高效吸附净化床

旋流磁助澄清器工艺流程与实物装置如图 8.13 所示,其运行参数如下:设计处理能力为 40 m³/h,SS 去除率为 60% ~ 80% ,COD 去除率为30% ~40% 。

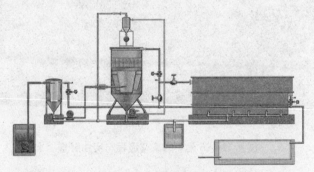

(a) 工艺流程

(b) 实物流置

**图 8.13　旋流磁助澄清器工艺流程与实物装置**

3）丁卯泵站旱流污染削减技术示范工程

**方案**　磁助高速沉淀池 + 高速大通量土壤渗滤净化床

其工艺流程与实物装置如图 8.14 所示。

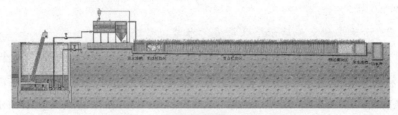

(a) 工艺流程

(b) 实物装置

**图 8.14　工艺流程与实物装置**

磁助高速沉淀池运行参数如下：设计处理能力为 80 m³/h，SS 去除率为 60% ~ 80%，COD 去除率为 30% ~ 40%。

高速大通量土壤渗滤净化床运行参数如下：设计处理能力为 80 m³/h，COD 去除率为 30% 以上，氨氮去除率为 20% 以上，总磷去除率为 20% 以上。

## 8.4　工程效益分析

### 8.4.1　旱流污染削减工程效果

#### 1. 示范工程实施前示范区旱流污水排放统计

据镇江市水业总公司 2008 年对镇江市三河—江的排口旱流污水监测统

计资料,示范工程实施前示范区共有 104 座污水排口,日均旱流污水为
33 433 m³/d。其中,古运河示范区流域共有污水排口 92 座,日均旱流污水
为 26 509 m³/d;虹桥港流域共有污水排口 12 座,日均旱流污水为
6 924 m³/d。

2. 示范工程实施后示范区旱流污水截流量统计

通过示范工程的实施,古运河中段流域示范区实施截流工程长度
7.3 km,共有 21 座排口得以截污纳管,截流旱流污水 8 278 m³/d;古运河老
城区段排口整治工程 27 座,截流污水 5 846 m³/d;虹桥港流域共整治污水排
口 12 座,截流污水 6 924 m³/d,共计截流旱流污水 21 048 m³/d。

3. 旱流污水削减率

示范工程建成运行 6 个月(2011 年 6—11 月)共削减旱流污水总量

$$179 \text{ d} \times 21\ 048 \text{ m}^3/\text{d} = 3\ 767\ 592 \text{ m}^3$$

示范工程建成实施前 179 天实排旱流污水

$$179 \text{ d} \times 33\ 433 \text{ m}^3/\text{d} = 5\ 984\ 507 \text{ m}^3$$

旱流削减率为

$$3\ 767\ 592/5\ 984\ 507 \times 100\% = 62.95\%$$

## 8.4.2　溢流污染削减工程效果

1. 示范工程实施前示范区溢流排放统计

示范区虹桥港流域排水系统基本实施了雨污分流,虹桥港流域排口已
经没有合流溢流排口。

示范区古运河流域截流前共有 11 座合流溢流排口,分别是中华路溢流
口、宝塔路溢流口、迎江桥溢流口、西门桥溢流口、新马路溢流口、中山桥溢
流口、黎明河溢流口、解放桥溢流口、虎踞桥溢流口、南水桥泵站溢流口和塔
山桥溢流口。其中,中华路溢流口、宝塔路溢流口、迎江桥溢流口、新马路溢
流口和解放桥溢流口的上游基本实施了雨污水分流,雨水主要通过雨水口
排放,溢流口只有在大暴雨的降雨条件下才有少量溢流。南水桥泵站溢流
口主要是因降雨初期泵站流量不足而设的溢流口,本示范工程已经通过提
高溢流口的高程和降低泵站前池水位即通过泵站水位的调控基本控制了溢
流排放。

根据示范工程实施方案,共计实施西门桥溢流口、中山桥溢流口、黎明河溢流口、虎踞桥溢流口和塔山桥溢流口等 5 座溢流井的改造,通过加大截流管径增加截流倍数,新建 1 座铁路桥综合示范截流井。为此,课题组对 2010 年 12 场典型降雨的规律和 6 座拟实施截流倍数改造的溢流口的排放量进行了监测,分别得到 6 座溢流口溢流量与降雨强度之间的如下关系:12 场降水的总降雨量为 584.2 mm;西门桥溢流口的总溢流量为 64 367 $m^3$;中山桥溢流口的总溢流量 68 694 $m^3$;黎明河溢流口的总溢流量为 582 516 $m^3$;虎踞桥溢流口的总溢流量 38 888 $m^3$;塔山桥溢流口的总溢流量为559 077 $m^3$;铁路桥排口的总溢流量为 504 467 $m^3$。

2. 示范工程实施后示范区溢流量和污水截流量统计

对 2011 年 6 月至 11 月 37 场降水条件下 6 座溢流口的溢流量和截流量的监测结果如下:西门桥溢流口 37 场降水总计溢流量为 11 584 $m^3$、截流量为 36 026 $m^3$;中山桥溢流口 37 场降水总计溢流量为 20 866 $m^3$、截流量为 98 665 $m^3$;黎明河溢流口 37 场降水总计溢流量为 352 210 $m^3$、截流量为 185 570 $m^3$;虎踞桥溢流口 37 场降水总计溢流量为 23 475 $m^3$、截流量为 34 222 $m^3$;塔山桥溢流口 37 场降水总计溢流量为 661 257 $m^3$、截流量为 196 380 $m^3$;铁路桥综合示范截流井 37 场降水总计溢流量为 712 690 $m^3$、截流量为 159 800 $m^3$。2011 年 6 月至 11 月 37 场降水示范区总计产生溢流污水 1 782 082 $m^3$,示范工程总截流量为 710 663 $m^3$,合流污水量为 2 492 745 $m^3$。

3. 溢流污水削减率

2011 年 6 月至 11 月,示范工程运行共计产生溢流动降水 37 场,合计产生溢流合流污水为 1 782 082 $m^3$,示范工程截流合流污水合计 710 663 $m^3$,总计合流量为 2 492 745 $m^3$。

溢流污水削减率为

$$710\ 663/2\ 494\ 725 \times 100\% = 28.49\%$$

## 8.4.3　溢流污染控制装置削减工程效果

1. 丁卯泵站溢流污染削减工程运行效果

丁卯泵站建设后,对该泵站溢流污水进出水质、高速大通量土壤渗滤净化床工程效果以及磁絮凝高速沉淀池工程效果进行了监测。

（1）丁卯泵站溢流工程效果

丁卯泵站溢流污水进出水水质监测结果如图8.15所示。

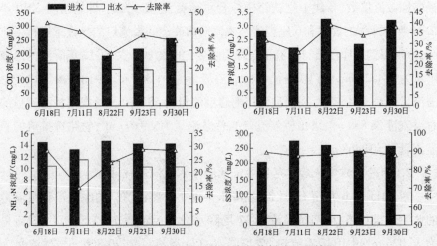

**图8.15　丁卯泵站溢流污染负荷削减工程效果**

由图8.15可知，示范区建设后，溢流污水水质明显好转，其中COD，TP，NH$_3$-N，SS的去除率分别达44.08%，33.62%，24.79%，88.43%，SS的去除率最高，其次为COD。

（2）高速大通量土壤渗滤净化床的工程效果

对高速大通量土壤渗滤净化床的工程效果进行监测，结果如图8.16所示。

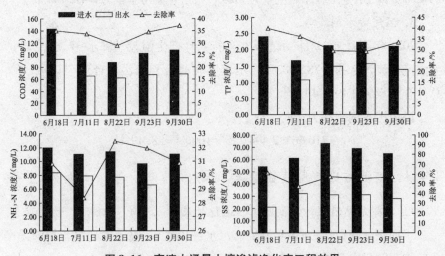

**图8.16　高速大通量土壤渗滤净化床工程效果**

　　由图 8.16 可知,高速大通量土壤渗滤净化床工程建设后,溢流污染水质明显好转,其中 COD,TP,NH$_3$-N,SS 的去除率分别达 33.74%,33.61%,30.89%,55.63%,SS 的去除率最高, COD 及 TP 去除效果相当,NH$_3$-N 去除率最低。

（3）磁絮凝高速沉淀池工程效果

对磁絮凝高速沉淀池的工程效果进行监测,结果如图 8.17 所示。

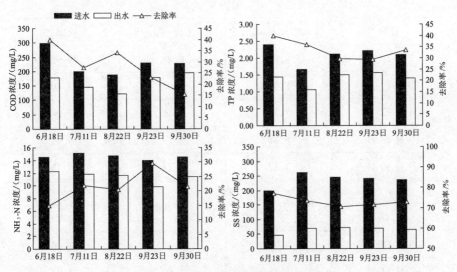

图 8.17　磁絮凝高速沉淀池工程效果

　　由图 8.17 可知,磁絮凝高速沉淀池工程建设后,溢流污水水质明显好转,其中 COD,TP,NH$_3$-N,SS 的去除率分别达 27.97%,31.02%,21.66%,73.11%,SS 的去除率最高, NH$_3$-N 的去除率最低。

2. 铁路桥溢流污水处理系统运行效果

对铁路桥溢流污水处理系统进行监测,结果见表 8.24 和图 8.18。

表 8.24　系统总体去除率

| | COD | | |
| --- | --- | --- | --- |
| 日期 | 进水浓度/(mg/L) | 出水浓度/(mg/L) | 去除率/% |
| 6 月 18 日 | 728.00 | 456 | 37.36 |
| 7 月 11 日 | 378.00 | 251 | 33.60 |
| 8 月 22 日 | 301.00 | 203 | 32.56 |

| COD | | | |
|---|---|---|---|
| 日期 | 进水浓度/(mg/L) | 出水浓度/(mg/L) | 去除率/% |
| 9 月 23 日 | 287.00 | 196 | 31.71 |
| 9 月 30 日 | 423.50 | 314 | 25.86 |

| NH$_3$-N | | | |
|---|---|---|---|
| 日期 | 进水浓度/(mg/L) | 出水浓度/(mg/L) | 去除率/% |
| 6 月 18 日 | 9.25 | 6.48 | 29.95 |
| 7 月 11 日 | 8.08 | 6.06 | 25.00 |
| 8 月 22 日 | 7.10 | 5.18 | 27.04 |
| 9 月 23 日 | 6.83 | 5.19 | 24.01 |
| 9 月 30 日 | 7.82 | 5.73 | 26.73 |

| TP | | | |
|---|---|---|---|
| 日期 | 进水浓度/(mg/L) | 出水浓度/(mg/L) | 去除率/% |
| 6 月 18 日 | 4.96 | 3.37 | 32.06 |
| 7 月 11 日 | 3.85 | 2.89 | 24.94 |
| 8 月 22 日 | 2.39 | 1.89 | 20.92 |
| 9 月 23 日 | 2.49 | 2.04 | 18.072 |
| 9 月 30 日 | 3.42 | 2.55 | 25.57 |

| SS | | | |
|---|---|---|---|
| 日期 | 进水浓度/(mg/L) | 出水浓度/(mg/L) | 去除率/% |
| 6 月 18 日 | 1 730.00 | 321.00 | 81.45 |
| 7 月 11 日 | 882.00 | 224.00 | 74.60 |
| 8 月 22 日 | 750.00 | 140.00 | 81.33 |
| 9 月 23 日 | 117.00 | 52.65 | 55.00 |
| 9 月 30 日 | 869.75 | 215.00 | 75.28 |

　　溢流污染处理工程对水体污染物具有明显的去除效果,其中对 COD,
$NH_3$-N,TP,SS 的去除率分别介于 25.86% ~ 37.36%,24.01% ~ 29.95%,
18.07% ~ 32.06% 以及 55% ~ 81.44%,对 SS 的去除效果最为显著。

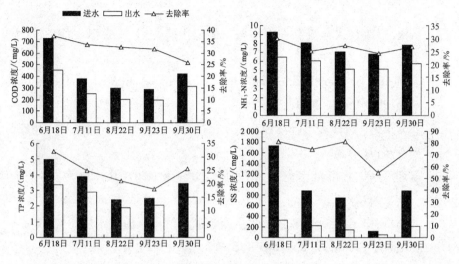

**图 8.18　除污效果分析**

# 参考文献

[ 1 ] 潘科.改良式合流制在中小城镇的应用研究[D].成都:西南交通大学,2005.

[ 2 ] Vickers A. Handbook of water use and conservation[M]. Amherst: Water Plow Press, 2001.

[ 3 ] 李养龙,金林.城市降雨径流水质污染分析[J].城市环境与城市生态,1996,9(1):55-58.

[ 4 ] 谢莹莹.城市排水管网系统模拟方法和应用[D].上海:同济大学,2007.

[ 5 ] 李贺,李田.上海高密度居民区合流制系统雨天溢流水质研究[J].环境科学,2006,27(8):1565-1569.

[ 6 ] 王文远,王超.国内外城市排水系统的回顾与展望[J].水利水电科技进展,1997,17(6):8-11.

[ 7 ] 张天龙.论城市排水体制的选择及建设管理对策[J].经济技术协作信息,2010(7):135-136.

[ 8 ] 周荣敏,雷延峰,郝凌云,等.截流式合流制排水管网设计新思路[J].给水排水,2007,33(5):119-120.

[ 9 ] Haugland J. Changing cost perceptions: An analysis of conservation development[J]. Conservation Research Institute, 2005.

[ 10 ] US EPA. National management measures to control nonpoint source pollution from urban areas[J]. EPA832-B-05,2005.

[ 11 ] 姚诚.水污染现状及其治理措施[J].污染防治技术, 2009, 22(2):87-90.

[ 12 ] 刘燕,尹澄清,车伍,等.合流制溢流污水污染控制技术研究进展[J].给水排水,2009,35(3):19-22.

[ 13 ] 韩晓琳.水资源现状分析及保护对策[J].科技信息,2011(7):10374-10375.

［14］江曙光. 中国水污染现状及防治对策［J］. 现代农业科技,2010,7(1)：313 – 315.

［15］Walley W J, Fonama V N. Neural network predictors of average score per taxon and number of families at unpolluted river sites in Great Britain ［J］. Water Research, 1998,32(3):613 – 622.

［16］高学民. 长江沿程河湖及城市内河水质评价与模拟研究［D］. 北京大学,2000.

［17］申丽勤,车伍. 我国城市道路雨水径流污染状况及控制措施［J］. 中国给水排水,2009,25(4):23 – 29.

［18］李立青,尹澄清. 雨、污合流制城区降雨径流污染的迁移转化过程与来源研究［J］. 环境科学,2009,30(2):368 – 376.

［19］赵磊,杨逢乐. 合流制排水系统降雨径流污染物的特性及来源［J］. 环境科学学报,2008,28(8):1561 – 1570.

［20］Simillen J T, Shaltcross A L. Updating the US nationwide urban runoff quality database ［J］. Water Science & Technology, 1999, 39(12)：9 – 16.

［21］盛铭军. 雨天溢流污水就地处理工艺开发及处理装置 CFD 模拟研究［D］. 上海:同济大学,2007.

［22］Weyand M. Real-time control in combined sewer systems in Germany— some case studies ［J］. Urban Water, 2002, 4(4)：347 – 354.

［23］Strassler E, Pritts J, Strellec K. Preliminary data summary of urban storm water best management practices［J］. United States Environmental Protection Agency, Office of Water. < http://www. epa. gov/waterscience/ guide/stormwater/# nsbd, 1999.

［24］Chebbo G, Bachoc A. Characterization of suspended solids in urban wet weather discharges ［J］. Water Science & Technology, 1992, 25(8)：171 – 179.

［25］Horie N, Kabata M, Sano H. Japanese project spirit 21：development and testing of CSO treatment technologies and instrumentation systems［C］// Impacts of global climate change. ASCE, 2005：1 – 7.

［26］潘国庆,车伍. 国内外城镇排水体制的探讨［J］. 给水排水,2007,

33(1):323 – 327.

[ 27 ] 李新冬,黄万抚.关于我国城市排水系统的思考[J].中国资源综合利用,2008,26(8):42 – 43.

[ 28 ] 金苗.城市雨水径流及合流制下水道溢流的污染解析[D].西安建筑科技大学,2007.

[ 29 ] 国家环保总局.水和废水监测分析方法[M].北京:中国环境科学出版社,2002.

[ 30 ] 张林军.城市旧合流制排水系统的改造[J].彭城职业大学学报,2002,17(4):42 – 47.

[ 31 ] 苏玉玲,张希洲.美国的污染防治规划[J].山东环境,1995(3):33 – 34.

[ 32 ] 张杰,李捷,熊必永.城市排水系统新思维[J].给水排水,2002,28(11):24 – 26.

[ 33 ] 谭春华.雨洪管理模式的转换及组织政策研究[D].济南:山东农业大学,2012.

[ 34 ] Gromaire-Mertz M C, Garnaud S, Gonzalez A, et al. Characterisation of urban runoff pollution in Paris[J]. Water Science & Technology, 1999, 39(2): 1 – 8.

[ 35 ] Chebbo G, Gromaire M C, Ahyerre M, et al. Production and transport of urban wet weather pollution in combined sewer systems: the "Marais" experimental urban catchment in Paris [ J ]. Urban Water, 2001, 3(1): 3 – 15.

[ 36 ] Gromaire M C, Garnaud S, Ahyerre M, et al. The quality of street cleaning waters: comparison with dry and wet weather flows in a Parisian combined sewer system[J]. Urban Water, 2000, 2(1): 39 – 46.

[ 37 ] Chebbo G, Ashley R, Gromaire M C. The nature and pollutant role of solids at the water-sediment interface in combined sewer networks[J]. Water Science & Technology, 2003, 47(4): 1.

[ 39 ] Gromaire M C, Garnaud S, Saad M, et al. Contribution of different sources to the pollution of wet weather flows in combined sewers[J]. Water Research, 2001, 35(2): 521 – 533.

[ 40 ] Roesner L A. Urban runoff pollution—Summary thoughts—The state-of-practice today and for the 21 century[J]. Water Science & Technology, 1999, 39(12): 353 – 360.

[ 41 ] 车伍, 李俊奇, 陈和平. 城市规划建设中排水体制的战略思考[J]. 昆明理工大学学报, 2005, 30(3A): 72 – 76.

[ 42 ] 陈宝才. 感潮河网对合流制排水系统影响的研究[D]. 广州: 广东工业大学, 2009.

[ 43 ] 唐建国, 曹飞, 全洪福. 德国排水管道状况介绍[J]. 给水排水, 2003, 29(5): 4 – 9.

[ 44 ] 麦穗海, 黄翔峰, 汪正亮, 等. 合流制排水系统污水溢流污染控制技术进展[J]. 四川环境, 2004, 23(3): 18 – 21.

[ 45 ] Field R, Heaney J P, Pitt R. Innovative urban wet-weather flow management systems[M]. CRC PressI Llc, 2000.

[ 46 ] O'Connor T P, Field R, Fischer D, et al. Urban wet-weather flow[J]. Water Environment Research, 1999, 71(5): 559 – 583.

[ 47 ] Wright S, Holvey A. Combined sewer overflow: European Patent EP 1627970[P]. 2006 – 02 – 22.

[ 48 ] Buerge I J, Poiger T, Müller M D, et al. Combined sewer overflows to surface waters detected by the anthropogenic marker caffeine[J]. Environmental Science & Technology, 2006, 40(13): 4096 – 4102.

[ 49 ] Eganhouse R P, Sherblom P M. Anthropogenic organic contaminants in the effluent of a combined sewer overflow: impact on Boston Harbor[J]. Marine Environmental Research, 2001, 51(1): 51 – 74.

[ 50 ] 也良. 节能减排产业发展环境亟待优化[N]. 中国能源报, 2009(C03).

[ 51 ] 曲振涛, 杨恺钧. 规制经济学[M]. 上海: 复旦大学出版社, 2006.

[ 52 ] Stigler G J, Friedland C. What can regulators regulate-the case of electricity[J]. JL & Econ., 1962, 5: 1.

[ 53 ] Liu J, Diamond J. China's environment in a globalizing world[J]. Nature, 2005, 435(30): 1179 – 1186.

[ 54 ] 车伍, 李俊奇. 城市雨水利用技术与管理[M]. 北京: 中国建筑工业出

版社,2006.

[ 55 ] 黄光宇,陈勇.生态城市理论与规划设计方法[M].北京:科学出版社,2002.

[ 56 ] 汪常青.武汉市城市排水体制探讨[J].中国给水排水,2006,22(8):12 – 15.

[ 57 ] 陈春茂.截流式合流制排水系统改造应注意的问题[J].中国给水排水,2003,19(2):83 – 84.

[ 58 ] 杨逢乐,赵磊.合流制排水系统降雨径流污染物特征及初期冲刷效应[J].生态环境,2007,16(6):1627 – 1632.

[ 59 ] 陈宝才,罗建中,温桂照,等.珠江三角洲地区排水体制的探讨[J].给水排水,2009,35(1):9 – 12.

[ 60 ] 陆少鸣,尹宇鹏,张忠东,等.广州市旧城区取消化粪池的可行性研究[J].环境科学与技术,2007,30(10):53 – 57.

[ 61 ] 邓小云.农业面源污染防治法律制度研究[D].青岛:中国海洋大学,2012.

[ 62 ] 叶汉雄.基于跨域治理的梁子湖水污染防治研究[D].武汉大学,2011.

[ 63 ] 唐磊,车伍,赵杨,等.合流制溢流污染控制系统决策[J].给水排水,2012,38(7):28 – 34.

[ 64 ] 夏光.环境政策创新[M].中国环境科学出版社,2001.

[ 65 ] 杨东,赵刚.合流制排水管渠系统的改造[J].中国新技术新产品,2009(20):60.

[ 66 ] 陈永信.截流式合流制污水管截流倍数取值的探讨[J].工业用水与废水,2004,35(2):66 – 67.

[ 67 ] 洪宝鑫,瞿益民.旱作物利用雨水量的试验分析[J].节水灌溉,2001(1):22 – 24.

[ 68 ] 何晖,金华,李宏宇,等.一次人工削减雨作业的中尺度数值模拟分析[C]∥第26届中国气象学会年会人工影响天气与大气物理学分会场论文集,2009.

[ 69 ] 王健,周玉文,刘嘉,等.雨水调蓄池在国内外应用简况[J].北京水务,

2010(3):6-9.

[70] 黄鸣,陈华,程江,等.上海市成都路雨水调蓄池的设计和运行效能分析[J].中国给水排水,2008,24(18):33-36.

[71] 吴春笃,张伟,黄勇强,等.新型旋流分离器内固液两相流的数值模拟[J].农业工程学报,2006,22(2):98-102.

[72] 贺会群,杨振会,吴刚,等.油水旋流分离器流场模拟分析与研究[J].石油机械,2005,33(12):1-5.

[73] 曹学文,林宗虎,黄庆宣,等.新型管柱式气液旋流分离器[J].天然气工业,2002,22(2):71-75.

[74] 李玲霞.雨天溢流污染分析及旋流分离工艺技术研究[D].合肥:安徽建筑工业学院,2012.

[75] 王婕.强化混凝+A/O处理生活与皮革混合污水的研究[D].南昌大学,2012.

[76] 张倩,王锦,石晓庆.投加氯化铁对SMBR工艺效能及膜污染的影响[J].水处理技术,2009,35(11):79-84.

[77] 聂凤.合流制排水系统调蓄池絮凝调蓄及排沙技术研究[D].衡阳:南华大学,2012.

[78] Gupta K, Saul A J. Specific relationships for the first flush load in combined sewer flows[J]. Water Research, 1996, 30(5): 1244-1252.

[79] Alkhaddar R M, Higgins P R, Phipps D A, et al. Residence time distribution of a model hydrodynamic vortex separator[J]. Urban Water, 2001, 3(1): 17-24.

[80] Konîêek Z, Pryl K, Suchanek M. Practical applications of vortex flow separators in the Czech Republic[J]. Water Science & Technology, 1996, 33(9): 253-260.

[81] 陈雄志,康丹.武汉市东沙湖地区合流制溢流污染控制方法探讨[J].中国给水排水,2010,26(18):55-58.

[82] 左建兵,刘昌明,郑红星,等.北京市城区雨水利用及对策[J].资源科学,2008,30(7):990-998.

[83] Zhou Y, Shao W, Zhang T. Analysis of a rainwater harvesting system for

domestic water supply in Zhoushan, China[J]. Journal of Zhejiang University Science A, 2010, 11(5): 342 – 348.

[ 84 ] YU Dong-Sheng, SHI Xue-Zheng, WANG Hong-Jie, et al. Function of soils in regulating rainwater in southern China: impacts of land uses and soils[J]. 土壤圈（意译名）, 2008, 18(6):717 – 730.

[ 85 ] ZENG Bing, TAN Hai-qiao, WU Li-juan. A new approach to urban rainwater management [J]. 中国矿业大学学报, 2007, 17 (1): 0082 – 0084.

[ 86 ] 白晓慧,王宝贞,余敏,等.人工湿地污水处理技术及其发展应用[J].哈尔滨建筑大学学报,1999,32(6):88 – 92.

[ 87 ] 姜文超,管继玲,吕念南,等.雨水径流污染与城镇排水系统规划[J].南水北调与水利科技,2010,8(3):39 – 41.

[ 88 ] 李国志.基于技术进步的中国低碳经济研究[D].南京航空航天大学,2011.

[ 89 ] 赵晨红,彭永臻,魏齐.城市污水系统的实时控制技术[J].哈尔滨商业大学学报(自然科学版),2007,23(2):158 – 161.

[ 90 ] 周建忠,罗本福,蒋岭.新型城市污水截流井介绍[J].西南给排水,2007,3:5 – 7.

[ 91 ] 杨云安.合流制排水系统管道沉积物控制技术研究[D].北京:清华大学,2011.

[ 92 ] 城市居民生活用水量标准(GB/T 50331 – 2002)[S].

[ 93 ] 陈海翔.城市立交桥区域的内涝灾害模拟研究[D].北京:北京工业大学,2007.

[ 94 ] 唐宁锋.镇江市排水系统高截污率雨污水管网改造[D].镇江:江苏大学,2012.

[ 95 ] 芦晶晶.雨水在郑州居住区景观建设中的应用措施研究[D].郑州:河南农业大学,2012.

[ 96 ] 赵园涛.CCTV 新址 B 标段钢结构连廊整体提升[J].施工技术,2009,38(3):58 – 60.

[ 97 ] 王甦,杨郡.国家体育馆双向张弦钢屋架施工技术[J].建筑机械化,

2007(09):31 - 35.

[ 98 ] 吴维,杨宇,郑贤来,等. 对建筑施工过程中几个问题的思考[J]. 农村经济与科技,2009(12):140 - 141.

[ 99 ] 阎德智,白刚. 建筑施工管理技术控制措施[J]. 城市建设,2010(23):70 - 73.

[100] 苗海云. 浅析当前建筑施工过程中存在的问题和策略[J]. 中华民居,2011(7).

[101] 徐承华. 截流式分流制排水系统[J]. 中国给水排水,1999,15(9):44 - 45.

[102] 孙慧修,郝以琼,龙腾跃. 排水工程(第四版)[M]. 北京:中国建筑工业出版社,1999.

[103] 王淑梅,王宝贞,曹向东,等. 对我国城市排水体制的探讨[J]. 中国给水排水,2007,23(12):16 - 21.

[104] Lee J H, Bang K W. Characterization of urban stormwater runoff [J]. Water Research, 2000, 34(6):1773 - 1780.

[105] Taylor M, Henkels J. Stormwater best management practices: Preparing for the next decade[J]. Stormwater,2001,2 (7):1 - 11.

[106] Vieux B E, Vieux J E. Statistical evaluation of a radar rainfall system for sewer system management[J]. Atmospheric Research,2005,77:322 - 336.

[107] Dikshit A K, Loucks D P. Estimation nonpoint pollutant loadings in: a geographical information based nonpoint source simulation model [J]. Environment System, 1996,24(4):395 - 408.

[108] USA EPA Office of Water. Combined sewer overflows-guidance for nine minimum controls [J]. EPA832-B-95-003, 1995.

[109] USA EPA Office of Water. Combined sewer overflows-guidance for long-term control plan[J]. EPA832-B-95-002,1999.

[110] USA EPA Office of Water. Report to congress implementation and enforcement of the combined sewer overflow control policy[J]. EPA833-R-01-003,2005.

[111] 洪嘉年. 对城市排水工程中排水制度的思考[J]. 给水排水,1999,

25(12):51－52.

[112] 王紫雯,张向荣.新型雨水排放系统-健全城市水文生态系统的新领域
[J].给水排水,2003,29(5):17－20.

[113] Jago R. Overflow management for CSO control [C]//Proceedings Of 3rd
South Pacific Stormwater Conference,Auckland New Zealand,2003.

[114] Joanne Dahme, James T Smullen. Innovative strategy helps philadelphia
manage combined sewer overflows [J]. Stormwater,2000,1(1):3－4.

[115] Shoichi Fujita. Full-fleged movement on improvement of the combined
sewer system and flood control underway in Japan[C]//International Con-
ference on Urban Drainage (91CUD)-Global Solutions for Urban Drain-
age,2002:1－15.

[116] 周玉文.城市排水管网事业面临的新挑战[J].给水排水,2003,29
(2):137－139.

[117] 奉桂红,刘世文,胡永龙.深圳市实施排水系统分流体制的探讨[J].
中国给水排水,2002,18(10):24－26.

[118] 车伍,刘燕,李俊奇.国内外城市雨水水质及污染控制[J].给水排水,
2003,29(10):38－42.

[119] 程炯,林锡奎,吴志峰,等.非点源污染模型研究进展[J].生态环境,
2006,15(3):641－644.

[120] 郭利平,李德旺,韩小波.城市非点源污染治理与资源化技术研究
[J].环境科学与技术,2006,29(1):57－59.

[121] 张伟,洪剑.河北省城镇污水处理工作情况.全国城镇污水处理设施建
设与运行工作现场会议,2010,4(3):8－9.

[122] 蔡建升,李璐.市政排水管网市场化运作对策[J].广西城镇建设,
2010(4):4－5.

[123] 李玉华,史炎,郭建男.截留式合流制排水系统溢流井的改进[J].中
国给水排水,2004,20(3):80－81.

[124] 曹久耕,林淑佳.钟罩虹吸式溢流井的探讨[J].给水排水,1994(7):
20－22.

[125] Hennef. Standards for the dimensioning and design of stormwater struc-

tures in combined sewers [M]. German Association for Water, Wastewater and Waste, 1992.

[126] Hennef. Guidelines and examples for the design and the technical equipment of control stormwater treatment facilities [M]. German Association for Water, Wastewater and Waste, 2001.

[127] 张宏达,杨曦,何强. 德国的截流井及相关设计[J]. 中国给水排水, 2005,21(6):104 - 106.

[128] Jun Holee, Kiwoong Bang. Characterization of urban stormwater runoff [J]. Water Research, 2002, 34(6):1773 - 1780.

[129] Arboleda G, El-Fadel M. Effects of approach flow conditions on pump sump design[J]. Hydr Eng, ASCE, 1996, 122(9): 489 - 49.

[130] 刘红光,石玮,徐伟. 浅谈雨水调蓄池的应用[J]. 黑龙江水利科技, 2002,4:141 - 142.

[131] 徐贵权,陈厂太,林业青,等. 初期雨水调蓄池控制溢流污染研究[J]. 中国给水排水,2005,8(21):19 - 22.

[132] Wenzel Jr, Harry G. Detention storage control strategy development[J]. Water Resources, 1996, 102(1): 117 - 135.

[133] 谭琼,李田,张建频,等. 初期雨水调蓄池运行效率的计算机模型评估 [J]. 中国给水排水,2007,123(18):47 - 50.

[134] 张志军. 城镇排水管道的养护技术[J]. 城镇供水,2009,6(7):34 - 37.

[135] 任春波,金辉. 探讨关于排水管网的改造方案[J]. 黑龙江科技信息, 2009,7(16):223.

[136] 李六生. 城镇排水管道的检查方法[J]. 科技信息,2009,6(7):23 - 25.

[137] MAI Sui-hai, HUANG Xiang-feng, WANG Zheng-liang. Technique development on the pollution control of combined sewer overflows [J]. SICHUAN Environment, 2004, 23(3):18 - 21, 53.

[138] Gromaire M C, GarnaudS. Characterization of urban runoff pollution in Paris[J]. Water Science & Technology,1999, 39(2): 1 - 8.

[139] Choe J S, Bang K W, Lee J H. Characterization of surface runoff in urban areas[J]. Water Science & Technology, 2002, 45(9):249 - 254.

[140] Suarez J, Puertas J. Determination of COD, BOD, and suspended solid loads during combined sewer overflow(CSO) events in some combined catchments in Spain [J]. Ecological Engineering, 2005, 24 (3): 201 –219.

[141] Boller M, Langbein S, Steiner M. Characterization of road runoff and innovative treatment technologies[J]. Highway and Urban Environment, 2007(12): 441 –445.

[142] Adrian J Saul, Peter J Skipworth. Movement of total suspended solids in combined sewers[J]. Hydraul. Eng. ASCE, 2003, 129(4):298 –307.

[143] Janurce Niemczynouicz. Swedish way to stormwater enhancement by source control [J]. Urban Stormwater Quality Enhancement, 1990, 156 –167.

[144] 张光岳,张红,杨长军. 成都市道路地表径流污染及对策[J]. 城市环境与城市生态,2008,21(4):18 –21.

[145] 蒋海燕,刘敏,顾琦. 上海城市降雨径流营养盐氮负荷及空间分布[J]. 城市环境与城市生态,2002,15(1):15 –17.

[146] 甘华阳,卓慕宁,李定强. 广州城市道路雨水径流的水质特征[J]. 生态环境,2006,15(5):969 –973.

[147] 杨钟凯,蒋小欣. 苏州古城区降雨径流污染及其防治措施研究[J]. 江苏水利,2008,7:43 –45.

[148] 边博,朱伟,黄峰. 镇江城市降雨径流营养盐污染特征研究[J]. 环境科学,2008,29(1):19 –25.

[149] 董欣,杜鹏飞,李志一. 城市降雨屋面、路面径流水文水质特征研究[J]. 环境科学,2008,29(3):607 –612.

[150] 任玉芬,王效科,韩冰. 城市不同下垫面的降雨径流污染[J]. 生态学报,2005,25(12):3226 –3230.

[151] 赵剑强,闫敏,刘珊. 城市路面径流污染的调查[J]. 中国给水排水,2001,17(1):33 –35.

[152] 张淑娜,李小娟. 天津市区道路地表径流污染特征研究[J]. 环境科学与管理,2008,33(2):25 –28.

[153] 李梅,于晓晶.济南市雨水径流水质变化趋势及回用分析[J].环境污染与防治,2008,30(4):98-99,102.

[154] 金苗,陈霆.城市合流制排水系统溢流的污染特性分析[J].山西能源与节能,2007(2):23-25.

[155] 宫莹,阮晓红,胡晓东.我国城市地表水环境非点源污染的研究进展[J].中国给水排水,2003,19(3):21-23.

[156] 杨国胜,张万顺,肖彩.城市面源污染特性及污染负荷预测模型研究[J].环境科学与技术,2006,2(29):67-69.

[157] He Li, Tia Li. Study on the characteristics of combined sewer overflow from the high density [J]. Environmental Science, 2006, 8 (27): 1565-1569.

[158] LI Qing, YIN Cheng-qing. Catchment-scale pollution process and first flush of urban storm runoff in Hanyang city [J]. Acta Scientiae Cirumstantiae, 2006, 26(7):34-37.

[159] 任玉芬,王效科,欧阳志云,等.沥青油毡屋面降雨径流污染物浓度历时变化研究[J].环境科学学报,2006,26(4):601-606.

[160] 卓慕宁,吴志峰,王继增.珠海城区降雨径流污染特征初步研究[J].土壤学报,2003,40(5):775-778.

[161] 任玉芬.北京城市生态系统暴雨径流过程及污染负荷研究[D].北京:中国科学院生态环境研究中心,2007.

[162] 潘华.城市地表径流污染特性及排污规律的研究[D].西安:长安大学,2005.

[163] 叶闽,雷阿林,郭利平.城市面源污染控制技术初步研究[J].人民长江,2006,37(4):9-10.

[164] 王彦红.浅谈城市雨水处理问题[J].建筑节能,2008,6(18):4-5.

[165] M C Boner, et al. Modified vortex separator and UV disinfection for combined sewer overflow treatment[J]. Water Science & Technology, 1995, 31(3-4):263-274.

[166] Berlamont, et al. The feasibility of flocculation in a storage sedimentation basin[J]. Water Science & Technology, 1999, 39(2):75-83.

[167] Martin Huebner, Wolfgang F. Geiger, et al. Characterisation of the performance of an off line storage tank[J]. Water Science & Technology, 1996,34(3-4):25-32.

[168] 张亚东,车伍,刘燕,等.北京城区道路雨水径流污染指标相关性分析[J].城市环境与城市生态,2003,16(6):182-184.

[169] Hall K J, McCallum D W. Characterization and aquatic impacts if combined sewer overflows in greater vancouver british columbia[J]. Water Science & Technology,1998,38(10):9-14.

[170] 黄少雄,衷平,石祥.人工湿地在路面径流污水处理中的应用[J].环境科学,2006,7(7):228-233.

[171] 中国城镇排水协会.2012 城镇排水统计年鉴[M].北京:中国建筑工业出版社,中国城镇排水协会,2012.

[172] Phillips P J, Chalmers A T, Gray J L, et al. Combined sewer overflows: an environmental source of hormones and wastewater micropollutants[J]. Environmental Science & Technology, 2012, 46(10): 5336-5343.

[173] Weyrauch P, Matzinger A, Pawlowsky-Reusing E, et al. Contribution of combined sewer overflows to trace contaminant loads in urban streams [J]. Water Research, 2010, 44(15): 4451-4462.

[174] 柳林,陈振楼,张秋卓,等.城市混合截污管网溢流污水防控技术进展[J].华东师范大学学报(自然科学版),2011,1:72-86.

[175] Elsamraniag. Chemical coagulation of combined sewer overflow: Heavy metal removal and treatment optimizati on[J]. Water Research, 2008, 42: 951-960.

[176] 刘志长.合流制排水管道沉积物的沉积状况及控制技术研究[D].长沙:湖南大学,2011.

[177] Gasperi J, Gromaire M C, Kafi M, et al. Contributions of wastewater, runoff and sewer deposit erosion to wet weather pollutant loads in combined sewer systems[J]. Water Research, 2010, 44(20): 5875-5886.

[178] 潘国庆,车伍,李海燕,等.雨水管道沉积物对径流初期冲刷的影响[J].环境科学学报,2009,29(4): 771-776.

[179] James T S, Shallcross A L, Kelly A C. Updating the US national urban runoff quality data base[J]. Water Science & Technology,1999,39(12): 9－16.

[180] 下水道实务研究会. 新いい下水道事业(日). 山海堂,平成11年.

[181] 刘树人,周巧兰.上海市暴雨积水灾害成因及防治对策研究[J].城市研究,2000(2):18－21.

[182] 林莉峰,张善发,李田.城市面源污染最佳管理方案在上海市的实践[J].中国给水排水,2006,22(6):19－22.

[183] 张善发,李田,高廷耀.上海市地表径流污染负荷研究[J].中国给水排水,2006,22(21):57－60.

[184] 王鸿云,李永生.溢流雨水对水体的影响及雨水出路问题研究[J].北京水利,2005(2):6－8.

[185] 车武,欧岚,汪慧贞,等.北京城区雨水径流水质及其主要污染因素[J].环境污染治理技术与设备,2002,3(1):33－37.

[186] EPA. Model ordinances to protect local resources. Stormwater Control and Maintenance,12－20－2005.

[187] EPA. Attention country, city and township environmental officials-EPA seeking towns to test BMPs for nonpoint source runoff pollution, 2005－12－20.

[188] USA EPA Office of Water. Agreement to promote green infrastructure[P]. Policy and Guidance Documents,2007.

[189] 日本国土交通省城市地区整备局下水道部.关于合流式下水道改善对策的调查报告[R].日本东京,2002.

[190] Hiroshi Matsumoto, Enao Takayanagi. Combined sewer system improvement in Osaka city[M]. Japan:Osaka City Government,2004.

[191] Ernst M R, Owens J. Development and application of a WASP model on a large Texas reservoir to assess eutrophication control[J]. Lake and Reservoir Management, 2009, 25(2): 136－148.

[192] 车伍,刘红,汪慧贞,等.北京市屋面雨水污染及利用研究[J].中国给水排水,2001,17(6):57－61.

[193] 张克然,姚虹.市政针对合流制污水管道提出8大改良措施[N].南方日报,2006 – 04 – 13.

[194] Alkh Addar R M. Residencetime distribution of amodel hydrodynamicvort exseparator [J]. Urban Water,2001 (3): 17 – 24.

[195] Annelies M K, Vande M, Diederik P L, et al. A comparative study of surface and subsurface flow constructed wet lands for treatment of combined sewer over flow s: Agreen house experiment [J]. Ecological Engineering, 2009, 35: 175 – 183.

[196] 镇江市水利投资公司.镇江市北部滨水区入江溢流污染组合控制技术研究[J].江苏水利,2010(2):49.

[197] 尹炜,李培军,可欣,等.我国城市地表径流污染治理技术探讨[J].生态学杂志,2005,24(5):533 – 536.

[198] WANG Xu-dong, LIU Su-ling, ZHANG Shu-shen, et al. Improvement of WASP eutrophication model in Baiyangdian water area [J]. Environmental Science & Technology, 2009, 32(10): 19 – 24.

[199] LIU Dong – Feng, et al. Application of QUAL2E model to analysis the permissible pollution bearing capacity of water bodies in city water area [J]. Advanced Materials Research, 2012, 518: 2385 – 2390.

[200] ZHANG Rui – bin, XIN Qian, LI Hui-ming, et al. Selection of optimal river water quality improvement programs using QUAL2K: A case study of Taihu Lake Basin, China[J]. Science of the Total Environment, 2012, 431: 278 – 285.

[201] 张波.水污染事故水质模拟系统动力学模型研究[M].北京:中国环境科学出版社,2010.

[202] 付国伟.河流水质数学模型及其模拟计算[M].北京:中国环境科学出版社,1987.

[203] 李树平,刘遂庆.城市排水管渠系统[M].北京:中国建筑工业出版社,2009.

[204] 张伟.基于Info Works CS模型的排水管道沉积规律研究[D].长沙:湖南大学,2012.

[205] Blane D,Kellagher R,Phan L, et al. FLUPOL-MOSQITO models,simula-tions,critical analysis and development[J]. Water Science & Technology, 1995,32(1):185 – 192.

[206] 傅国伟. 环境工程手册(环境规划卷)[M]. 北京:高等教育出版社,2003.

[207] Urbonas B,Stahre P. Storm water:best management practice and detention for water quality, drainage, and CSO management[M]. PTR Prentice Hall,1993.

[208] 孙全民,胡湛波,李志华,等. 基于SWMM截流式合流制管网溢流水质水量模拟[J]. 给水排水,2010,36(7):175 – 179.

[209] 城乡与住房建设部. 室外排水设计规范(GB 50014—2006)[S]. 中国计划出版社,2006.

[210] 厉青. 国内合流管网现状分析及污染物减排对策研究[D]. 镇江:江苏大学,2012.

[211] 谢长焕. 城市污水处理截流倍数的确定[J]. 中国资源综合利用, 2007,25(10):30 – 32.

[212] 孙勇. 强度拟合法分析计算合流制排水管道截流倍数[J]. 城市道桥与防洪,2012(2):54 – 56.

[213] 张怀宇,赵磊,王海岭. 合流制排水系统雨季污染物溢流的截流与调蓄控制研究[J]. 给水排水,2010,36(6):42 – 45.

[214] LI Yan-wei, YOU Xue-yi, JI Min, et al. Optimization of rainwater drain-age system based on SWMM model[J]. China Water & Wastewater, 2010, 26(23): 40 – 43.

[215] GUO Qing – sang, Sheng Leocao, Ze Biao wei, et al. Research and ap-plication of the combined of SWMM and tank model[J]. Applied Me-chanics and Materials, 2012(166 – 169): 593 – 599.

[216] 韦鹤平,徐明德. 环境系统工程[M]. 北京:化学工业出版社,2009.

[217] 严煦世,刘遂庆. 给水排水管网系统[M]. 北京:中国建筑工业出版社,2008.

[218] 刘琦. 合流制排水系统截流倍数的选定及影响[J]. 现代经济信息,

2010(6):162-164.

[219] Bo L, Dong-guo S, Min S, et al. Simulating the effect of reducing the non-point source pollution by buffer zone with SWMM[C]//Measuring technology and mechatronics automation (ICMTMA), 2013 Fifth International Conference on IEEE, 2013: 996-999.

[220] 贾仰文. 分布式流域水文模型原理与实践[M]. 北京: 中国水利水电出版社, 2005.

[221] 马晓宇, 朱元励, 梅琨, 等. SWMM模型应用于城市住宅区非点源污染负荷模拟计算[J]. 环境科学研究, 2012, 25(1): 95-102.

[222] 赵冬泉, 佟庆远, 王浩正, 等. SWMM模型在城市雨水排除系统分析中的应用[J]. 给水排水, 2009, 35(5): 198-201.

[223] 孟超, 杨昆. SWMM模型与GIS集成技术研究[J]. 安徽农业科学, 2012, 40(10): 6286-6287.

[224] 赵树旗, 晋存田, 李小亮, 等. SWMM模型在北京市某区域的应用[J]. 给水排水, 2009, 35(z1).

[225] 郭静, 陈求稳, 李伟峰. 湖泊水质模型SALMO在太湖梅梁湾的应用[J]. 环境科学学报, 2012, 32(12).

[226] Meixler M S, Bain M B. A water quality model for regional stream assessment and conservation strategy development[J]. Environmental Management, 2010, 45(4): 868-880.

[227] 郝芳华, 李春晖, 赵彦伟, 等. 流域水质模型与模拟[M]. 北京师范大学出版社, 2008.

[228] 郑邦民, 槐文信, 齐鄂荣. 洪水水力学[M]. 武汉: 湖北美术出版社, 2000.

[229] 刘绮, 潘伟斌. 环境质量评价[M]. 广州: 华南理工大学出版社, 2008.

[230] 沈洪艳, 崔建升. 环境影响评价实用技术与方法[M]. 北京: 中国石化出版社, 2011.

[231] 马太玲, 张江山. 环境影响评价[M]. 武汉: 华中科技大学出版社, 2009.

[232] 张逢甲. 水污染物容许排放量计算方法[M]. 北京: 中国科学技术出版

社,1991.

[233] 陈俊合,江涛,陈建耀.环境水文学[M].北京:科学出版社,2007.

[234] 宋刚福,王笃波,王德春.EXCEL 在水质模型求解及灵敏度分析中的应用[J].水利科技与经济,2006,12(9):640-642.

[235] 姚晓.采用 BOD-DO 模型确定区域合流制管网截流倍数[D].合肥:合肥工业大学,2005.

[236] 朱春龙.截流倍数分析计算方法[J].中国给水排水,1999,15(4):45-47.

[237] 朱春龙.城市水环境系统控制决策支持技术研究[D].南京:河海大学,2005.12.

[238] 原培胜.城镇污水处理厂运行成本分析[J].环境科学与管理.2008,33(1):107-109.

[239] 伊学农,任群,王国华,王雪峰.给水排水管网工程设计优化与运行管理[M].北京:化学工业出版社,2007.

[240] 同济大学数学系.工程数学线性代数[M].北京:高等教育出版社,2007.

[241] Choi S C, Jung D I, Won C H, Rim J M. Calculation of intercepted volume of sewer overflows: a model for control of nonpoint pollution sources in urban areas[J]. Journal of Ocean University of China. 2006,5(4):317-321.

[242] 张善发.城镇排水系统溢流与排放污染控制策略与技术导则[J].中国给水排水,2010,26(18):31-35.

[243] 杨文进,蒋海涛,吴瑜红,等.城市合流管溢流污染的负荷及控制[J].中国给水排水,2010,26(12):16-18.

[244] 镇江市人民政府办公室:镇江市长江水污染防治规划(2012—2015年),2012.

[245] 马英,林宙峰.小城镇合流制污水系统截流倍数的选取——以中山市坦洲镇为例[J].建材与装饰(下旬刊),2008,5:115.

[246]《地表水环境质量标准》(GB 3838—2002).

# 专业名词缩略语

$BOD_5$（Biochemical Oxygen Demand）五日生化需氧量

CSS（Combined Sewer System）合流制排水系统

CSO（Combined Sewer Overflows）合流管网溢流污水

$COD_{Cr}$（Chemical Oxygen Demand）化学需氧量

DO（Dissolved Oxygen）溶解氧

DSS（Decision Support System）决策支持系统

MLSS（Mixed Liquor Suspended Solid）混合液悬浮固体

MLVSS（Mixed Liquor Volatile Suspended Solid）混合液挥发性悬浮固体

RBO（The Retention Basins with Overflow）溢流调蓄池

SS（Suspended Solids）悬浮固体

SV（Sludge Volume）污泥体积

SVI（Sludge Volume Index）污泥体积指数

TOC（Total Organic Carbon）总有机碳

TN（Total Nitrogen）总氮

TP（Total Phosphorus）总磷

TSS（Total Suspended Solids）总悬浮固体

TDS（Total Dissolved Solids）水溶解总固体

TKN（Total kjeldahl Nitrogen）总凯式氮

TSP（Total Suspended Particulate）总悬浮颗粒